土壤污染生物修复技术

王金霞　詹玲玲　著

黄河水利出版社

·郑州·

内容提要

本书分为上、中、下三篇,分别以土壤污染微生物修复技术、土壤污染植物修复技术和土壤污染动物修复技术及其他修复技术为研究对象,内容上从修复技术的原理、影响因素、场地条件、过程评价及典型修复技术案例等角度展开论述。本书可作为土壤修复工程相关领域各专业的教材和参考书使用。

图书在版编目(CIP)数据

土壤污染生物修复技术 / 王金霞,詹玲玲著. — 郑州:黄河水利出版社,2023.8

ISBN 978-7-5509-3712-3

Ⅰ.①土… Ⅱ.①王… ②詹… Ⅲ.①土壤污染-修复 Ⅳ.①X53

中国国家版本馆 CIP 数据核字(2023)第 161638 号

组稿编辑 韩莹莹 电话:0371-66025553 E-mail:hhslhyy@163.com

| 责任编辑 | 景泽龙 | | 责任校对 | 兰文峡 |
| 封面设计 | 张心怡 | | 责任监制 | 常红昕 |

出版发行 黄河水利出版社

地址:河南省郑州市顺河路 49 号 邮政编码:450003

网址:www.yrcp.com E-mail:hhslcbs@126.com

发行部电话:0371-66020550

承印单位 河南新华印刷集团有限公司

开　本 787 mm × 1 092 mm 1/16

印　张 11

字　数 205 千字

版次印次 2023 年 8 月第 1 版　　　　2023 年 8 月第 1 次印刷

定　价 68.00 元

前 言

土壤污染是当下面临的重要环境问题之一。随着工业化和人类活动的增加,土壤中有害物质不断累积,对生态系统和人类健康造成潜在威胁。传统的土壤修复方法往往昂贵且效果有限,因此寻找可持续、经济且高效的土壤修复技术成为迫切需求。

在过去几十年中,生物修复技术作为一种环境友好的修复方法受到了广泛关注。土壤污染生物修复技术利用生物体(如植物、微生物、动物等)的生物学活性来减少或去除土壤中的有害物质。相对于传统的物理和化学方法,生物修复技术具有许多优势,包括成本效益高、环境友好、可持续性强等。

土壤污染生物修复技术的原理是基于生物体的生物转化能力和代谢途径的。植物、微生物和其他生物体能够通过吸收、降解、转化或沉积有害物质,从而将其转化为无害或低毒的物质,或者将其稳定化以减少其毒性和迁移性。这些生物体可以通过根系、酶、微生物群落等途径来实现有害物质的转化和修复。

生物修复技术在不同的污染场地和污染类型中都有广泛的应用。它可以用于处理重金属污染、有机污染(如石油烃类、农药等)、放射性物质污染等。通过选择适宜的生物修复剂和修复策略,可以提高土壤的质量,恢复生态系统功能,并减少对环境和人类健康的风险。

尽管土壤污染生物修复技术在许多方面表现出巨大潜力,但其实施仍面临一些挑战。如何选择合适的生物修复剂调控环境条件,以促进修复效果、解决不同有害物质的耐受性和降解能力等问题仍需要进一步的研究和优化。

在探索和发展土壤污染生物修复技术的过程中,有望实现更加可持续、经济和高效的土壤修复方法,为保护环境和维护人类健康做出贡献。因此,进一步的研究和实践将有助于推动土壤污染生物修复技术的发展和应用,以应对土壤污染带来的挑战。

本书旨在帮助读者深入了解土壤污染生物修复技术的原理、方法和应用,为解决土壤污染问题提供有效的指导和参考。本书适用于对土壤污染问题感兴趣的读者,包括科研人员、环境保护从业者、农业专家、环境工程师和决策者等。本书涵盖了各种有机和无机污染物的修复方法、生物修复剂的选择与应用、修复技术的优化与监测评估等关键内容，有助于读者对土壤污染生物修复技术的全面了解。

由于编写时间仓促，书中的错误和不足之处在所难免，敬请广大读者批评指正。

作　者

2023 年 5 月

目　录

目 录

上篇　土壤污染微生物修复技术

　　土壤污染已经成为全球性的重要环境问题之一,对于土壤污染处理而言,传统物理及化学修复技术的最大弊端是污染物去除不彻底,导致二次污染的发生,从而带来一定程度的环境健康风险及危害。而生物修复技术主要是利用生物有机体,尤其是微生物的降解作用将污染物分解并最终去除,具有快速、安全、费用低廉等优点。因此,生物修复技术被称为"环境友好替代技术"。

　　微生物是土壤中相对比较活跃的成分。从定植于土壤母质的蓝绿藻开始,到土壤肥力的形成,土壤微生物参与了土壤发生、发展、发育的全过程。同时,土壤微生物对维持整个土壤生态系统平衡有着较为重要的作用,常被比喻为土壤 C、N、S、P 等养分元素循环的"转化器"、环境污染物的"净化器"、陆地生态系统稳定的"调节器"。

　　作为土壤生态系统的重要生命体,土壤微生物不仅可以指示污染土壤的生态系统稳定性,而且还具有巨大的潜在环境修复功能。因此,污染土壤的微生物修复理论及修复技术便是在这种基础上而产生的。微生物修复是指利用天然存在的或所培养的功能微生物群,在适宜环境条件下,促进或强化微生物代谢功能,从而达到降低有毒污染物活性或将其降解成无毒物质的生物修复技术。其实质是生物降解,即微生物对物质(特别是环境污染物)的分解作用。与传统的分解相比,其本质是一样的,不同的是具有分解作用所没有的新特征(如共代谢作用、降解质粒等),因此其实质可视为分解作用的扩展和延伸。由于微生物修复技术应用成本低,对土壤肥力和代谢活性负面影响小,可以避免因污染物转移而对人类健康和环境产生影响,因此它已成为土壤污染微生物修复技术的重要组成部分和生力军。

　　本篇将以土壤中的重金属及典型有机污染物为对象,从土壤微生物与污染物质的相互作用入手,对污染土壤的微生物修复原理与技术进行较为系统的综合评述。

第一节 微生物修复的原理

一、重金属污染土壤的微生物修复

(一)修复机制

重金属对生物的毒性作用常与它的存在状态是密不可分的,这些存在形式对重金属离子的生物利用活性有较大影响。重金属存在形式不同,其毒性作用也不同。不同于有机污染物,金属离子一般不会发生微生物降解或者化学降解,并且在污染以后会持续很长时间。金属离子的生物利用活性(bioavailability)在被污染土壤的修复中起着至关重要的作用。根据 Tessier 的重金属连续分级提取法,可以将土壤中的重金属分为水溶态与交换态、碳酸盐结合态、铁锰氧化物结合态、有机结合态和残渣态五种存在形式。不同存在形态的重金属,其生物利用活性有极大区别。处于水溶态与交换态、碳酸盐结合态和铁锰氧化物结合态的重金属稳定性较弱,生物利用活性较高,因而危害性强;而处于有机结合态和残渣态的重金属稳定性较强,生物利用活性较低,不容易发生迁移与转化,因而所具有的毒性较弱,危害较低。土壤微生物种类繁多、数量庞大,是土壤的活性有机胶体。其具有比表面积大、带电荷和代谢活动旺盛的特点,在重金属污染物的土壤生物地球化学循环过程中起到了积极作用。微生物可以对土壤中重金属进行固定、移动或转化,改变它们在土壤中的环境化学行为,可促进有毒、有害物质解毒或降低毒性,从而达到生物修复的目的。因此,重金属污染土壤的微生物修复原理主要包括生物富集(如生物积累、生物吸着)、生物转化(如生物氧化还原、甲基化与去甲基化及配位络合等)和生物溶解与沉淀等作用方式。

(二)微生物对重金属的生物富集

1949 年,Ruchhoft 首次提出了微生物吸附的概念,它在研究活性污泥去除废水中污染物时发现,污泥内的微生物可以去除废水中的 P,主要是因为大量的微生物对 P 具有一定的吸附能力。由于死亡细胞对重金属的吸附难以实用化,因此目前研究的重点是活细胞对重金属离子的吸附作用。而微生物对重金属的生物富集主要表现在胞外络合、沉淀以及胞内积累等 3 种形式,其作用方式有以下几种:

(1)金属磷酸盐、金属硫化物沉淀。

(2)细菌胞外多聚体。

（3）金属硫蛋白、植物螯合肽和其他金属结合蛋白。

（4）铁载体。

（5）真菌来源物质及其分泌物对重金属的去除。

微生物富集作用不同于吸附作用，它是一个主动运输的过程，发生在活细胞中，在这个过程中需要通过细胞代谢活动来提供能量。在一定的环境中，通过多种金属运送机制如脂类过度氧化、复合物渗透、载体协助、离子泵等实现微生物对重金属的富集。微生物富集作用与吸附作用机制一样，都是由于带阳离子的金属易与带阴离子的微生物发生反应形成一定的作用。

微生物对重金属离子的吸附作用主要是带阳离子的金属很容易与带阴离子的微生物发生反应，彼此作用聚集在微生物内部或表面。微生物中的阴离子型基团，如—NH、—SH、PO_4^{3-} 等，可以与带正电的重金属离子通过离子交换、络合、螯合、静电吸附及共价吸附等作用进行结合，从而实现微生物对重金属离子的吸附。重金属吸附按照金属离子与微生物细胞作用的部位不一样又可分为3种类型：胞内吸附、细胞表面吸附和胞外吸附。其中，胞内吸附主要是微生物细胞内的结合蛋白、络合素与重金属离子结合，最后积聚在细胞内；细胞表面吸附是与金属离子结合的多肽、植物螯合素等展示到细胞表面，从而增强微生物吸附重金属的能力；胞外吸附主要是利用微生物分泌到细胞外的蛋白质、糖类、脂类及核素等物质形成具有络合重金属离子作用的胞外聚合物（extracellular polymeric substances），提高吸附效率。

由于微生物对重金属具有很强的亲和吸附性能，有毒重金属离子可以沉积在细胞的不同部位或结合到胞外基质上，或被轻度螯合在可溶性或不溶性生物多聚物上。研究表明，许多微生物，包括细菌、真菌和放线菌可以生物积累（bioaccumulation）和生物吸附（biosorption）环境中多种重金属和核素。

重金属进入细胞后，可通过"区域化作用"分配于细胞内的不同部位，体内可合成金属硫蛋白（MT），MT可通过 Cys 残基上的巯基与金属离子结合形成无毒或低毒络合物。研究表明，微生物的重金属抗性与 MT 积累呈正相关，这使细菌质粒可能有抗重金属的基因，如丁香假单胞菌和大肠杆菌均含抗 Cu 基因，芽孢杆菌和葡萄球菌含有抗 Cd 和抗 Zn 基因，产碱菌含抗 Cd、抗 Ni 及抗 Co 基因，革兰氏阳性菌和革兰氏阴性菌中含抗 As 和抗 Sb 基因。Hiroki 发现在重金属污染土壤中加入抗重金属产碱菌可使得土壤水悬浮液得以净化，可见，微生物技术在净化污染土壤环境方面具有广泛的应用前景。

（三）微生物对重金属的生物转化作用

重金属污染土壤中存在一些特殊微生物类群，它们对有毒重金属离子不仅具有抗性,同时也可以使重金属进行生物转化。其主要作用机制包括微生物对重金属的生物氧化和还原、甲基化与去甲基化以及配位络合等,通过这些作用转化重金属离子,改变其毒性,从而形成某些微生物对重金属的解毒机制。

1.氧化还原作用

金属离子,如铜、砷、铬、汞、硒等,是最常发生微生物氧化还原反应的金属离子。生物氧化还原反应过程可以影响金属离子的价态、毒性、溶解性和流动性等。例如,铜和汞在其高价氧化态时通常是不易溶的,其溶解性和流动性依赖于其氧化态和离子形式。重金属参与的微生物氧化还原反应可以根据金属离子在微生物代谢过程中是否起直接作用分为同化(assimilatory)氧化还原反应和异化(dissimilatory)氧化还原反应。在同化氧化还原反应中,金属离子作为末端电子受体参与生物体的代谢过程,而在异化反应中,金属离子在生物体的代谢过程中未起到直接作用,而是间接地参与氧化还原反应。

某些微生物在新陈代谢的过程中会分泌氧化还原酶,催化重金属离子进行变价,发生氧化还原反应,使土壤中某些毒性强的氧化态的金属离子还原为无毒性的离子或低毒性的离子,进而降低重金属污染的危害。例如,可以利用微生物作用将高毒性的 Cr(+6)还原为低毒性的 Cr(+3)。通过生物氧化还原来降低 Cr(+6)毒性的方法由于其环境友好性和经济性,引起了研究者持续的关注。相反,Cr(+3)被氧化成 Cr(+4)时,Cr 的流动性和生物利用活性提高了。Cr(+3)的氧化主要是通过非生物氧化剂的氧化,如 Mn(+4),其次是 Fe(+3);而 Cr(+4)到 Cr(+3)的还原过程则可以通过非生物和生物过程来实现。当环境中的电子供体 Fe(+2)充足时,Cr(+4)可以被还原为 Cr(+3);当有机物作为电子供体时,Cr(+6)可以被微生物还原为 Cr(+3)。Yang 等考察了 *Pannonibacter-phragmitetus* BB 在强化铬污染修复过程中的作用,并且考察了土壤土著微生物群落变化的规律。结果表明,在 Cr(+6)浓度为 518.84 mg/kg、pH=8.64 的条件下,*Pannonibacter-phragmitetus* BB 可以在 2 d 内将 Cr(+6)全部还原。该菌在接入土壤后的 48 h 内数量显著上升,相对比例由 35.5%上升至 74.8%,并维持稳定。该菌在与土著微生物竞争过程中取得优势地位,具有很好的应用前景。Polti 等则从铬铁矿中分离并鉴定了一株 *Bacillus am yloliquefaciens*(CSB9)。该菌可以耐受 900 mg/L Cr(+6),在最佳条件下具有较快的还原速度[2.22 mg Cr(+6)/(L·h)]。该菌的最佳还原条件:100 mg/L Cr(+6)、pH 为 7、温度为 35 ℃、处理时间为 45 h。

在生命系统中,硒更容易被还原而不是被氧化,还原过程可以在有氧和厌氧条件下发生。Se(+6)异化还原成 Se(0)的过程可以在化学还原剂如硫化物或羟胺或生物化学还原剂(如谷胱甘肽还原酶)的作用下完成,后者是缺氧沉积物中 Se 的生物转化的主要形式。Se(+6)到 Se(0)的异化还原过程与细菌密切相关,具有重要的环保意义。微生物尤其是细菌在将活性的 Hg(+2)还原为非活性 Hg(0)的过程中起到了重要作用,Hg(0)可以通过挥发减少其在土壤中的含量。Hg(+2)可以在汞还原酶作用下被还原成 Hg(0),也可以在有电子供体的条件下,由异化还原细菌还原为 Hg(0)。

微生物氧化还原反应在降低高价重金属离子毒性方面具有重要地位,该过程受到环境 pH 值、微生物生长状态,以及土壤性质、污染物特点等多种因素的共同影响。

2.甲基化与去甲基化

在细菌对重金属抗性和生物修复的可行性研究中,人们多关注汞的脱甲基化和还原挥发、亚砷酸盐氧化和铬酸盐还原及硒的甲基化挥发等。细菌对汞的抗性归结于它所含的两种诱导酶:一种汞还原酶和一种有机汞裂解酶,其机制是通过汞还原酶将有机的 Hg^{2+} 化合物转化成低毒性挥发态汞。有学者发现有些微生物能把剧毒的甲基汞降解为毒性较低的无机汞。微生物可通过改变重金属的甲基化和去甲基化作用改变重金属的环境效应。Fwukowa 从土壤中得到假单胞杆菌 K-62,它能分解无机汞和有机汞而形成元素汞,元素汞的生物毒性比无机汞和有机汞低得多。Frankenber 等通过耕作、优化管理、施加添加剂等来加速 Se 的原位生物甲基化,使其挥发而降低 Se 的毒性,此生物技术已在美国西部灌溉农业中用于清除硒污染,有些真菌和细菌能使无机硒转化为挥发性有机硒,从而降低其毒性。

3.配位络合作用

一些微生物,如动胶菌、蓝细菌、硫酸盐还原菌及某些藻类,能够产生胞外聚合物如多糖、糖蛋白等具有大量阴离子的基团,与重金属离子形成络合物。Macaskie 等分离的柠檬酸杆菌属,具有一种抗镉的酸性磷酸酯酶,分解有机的2-磷酸甘油,产生 HPO_4^{2-} 与 Cd^{2+} 形成 $CdHPO_4$ 沉淀。有学者在汞矿附近土壤中分离得到很多高级真菌,一些菌根种和所有腐殖质分解菌都能积累汞,从而达到 100 mg/kg 土壤干重。

(四)微生物对重金属的生物溶解与沉淀作用

微生物溶解与沉淀作用是通过各种代谢活动直接或间接地进行的。在土壤环境中,微生物能够利用土壤中丰富的营养物质与能源,通过代谢活动,产生多种低分子量的有机酸(如氨基酸、甲酸、柠檬酸、草酸等)来溶解土壤中的重金属化合物,增强其有效性,有利于植物的吸收和利用。有学者研究腐生性真菌 *Penicillium bilaiae* 和 *Aspergillus niger* 修复 Cu、Pb、Ni、Zn 污染土壤发现,这 2 种真菌能分泌草酸和柠檬酸;在碳源丰富的污染土壤中,金属离子被显著激活,其中 Cu 的最大释放量达 90%,Pb、Ni 和 Zn 分别为 12%、28% 和 35%。另外,有学者通过设置不同含碳量条件下,微生物使用土壤中有效的营养物质和能源进行代谢反应分泌有机酸,结果发现,在一定条件下含碳量越高,微生物分泌的有机酸含量越多,溶解的重金属也越多。

微生物对重金属离子的沉淀作用是微生物分泌氧化还原酶的作用下金属元素发生氧化还原反应,或某些微生物的代谢产物(CO_3^{2-}、OH^- 和 HPO_4^{2-})与金属离子发生沉淀反应,以硫化物、磷酸盐及碳酸盐形式沉淀,直接或间接使有毒有害重金属元素转化为低毒或无毒金属沉淀物。根据代谢产物的多样性,沉淀作用分为多种形式:第一,金属离子可以通过代谢产物无机盐与金属离子反应形成沉淀,这类机制一般固定 Cu、Pb 等重金属元素。有学者研究发现,P能够降低 Cd、Pb 和 Zn 的溶解,而使用石灰能够提高土壤的酸碱度,固定更多的 Cr^{3+},降低 Cr 在土壤中的迁移性。第二,当微生物代谢产物是氢氧化物时,同样会与金属离子反应产生沉淀,这一作用还会使基质表面化学性质发生变化。有学者研究发现,当 pH 为 4.0 时,Pb^{2+} 与 $Fe(OH)_3$ 极易形成沉淀,效果是同等条件下吸附作用的好几倍。第三,微生物的代谢产物 PO_4^{2-} 也能够与金属离子发生作用,使活性的金属离子形成沉淀。研究证明,硫酸盐还原细菌生长过程中释放的代谢产物能够将硫酸盐还原成硫化物,与迁移能力强的重金属离子反应生成沉淀,减少污染物对土壤的危害。

二、有机污染土壤的微生物修复

近几十年是我国工、农业生产迅速发展的时期,其中土壤受污染作为农业污染的重中之重而受到高度重视。有关数据显示,我国受农药、化学试剂污染的农田有 6 000 多万 hm^2,污染严重程度高居不下。目前,环境科学领域已经将有机物污染土壤的修复及治理工作作为研究的重点项目。国内外对有机物污染的相关研究主要包括以下两个方面:①从有机物污染种类来说,是对多环芳烃(polyeyclic aromatic hydrocarbons,PAHs)和多氯联苯(polychlorinated biphenyl,PCB)污染的土壤修复研究;②从污染源的划分来说,主要是对农药和石油污染土壤的修复研究。

土壤中的多环芳烃和多氯联苯具有潜在的致癌性和致畸性的特点,属于典型的持久性有机污染物(persistent organic pollutants,POPs)范畴。近年来,人们也将重点放在土壤微生物对这类物质的修复机制上。PAHs 和 PCB 由于其衍生物体系庞大,所以导致其可以不被分解而长期滞留于土壤中。PAHs 和 PCB 具有显著的致癌和致突变性,造成的危害也是不可估计的。近年来,针对 PAHs 和 PCB 污染特征、污染控制与削减、修复关键技术等方面的研究进展迅速,尤其是在其微生物修复原理与技术研究方面取得的成果最为显著。

现在我国的农业水平发展迅速,并且逐步向现代化过渡,在生产过程中农民应用于农作物上的农药量也呈上升趋势。据有关数据统计,中国每年用于农作物的农药量高达 50 多万 t,而且以除虫、除草和杀菌居多。农药对土壤的危害主要是降低呼吸作用和固氮能力,影响不一,有的可能是短时间的,有的可能就是永久性的伤害,无法恢复。农药使用过程中,如果是在播种时,将农药与种子混合,这样农药就直接进入土壤中了,其伤害性也是最大的;如果采用喷洒的方式,大部分农药也会在风的作用下最终都落入土壤中。因此,可以看出土壤中的农药污染是相当严重的,而土壤污染的后果就是导致土壤生产力严重下降。

石油对土壤的污染:石油的主要组成成分是烃类化合物,主要作用是作为工业原料和能量来源。正如我们所知,烃类化合物大都具有使人或动物发生病变的可能。因此,在石油生产的各个环节都需要特别注意,如果稍有不慎发生泄漏,不管是对人类,还是对植物、动物,都会带来不可估计的损害,使生产和生活遭受不便。

(一)微生物摄取有机污染物的方式

微生物对有机物的降解需要酶的参与。依据参与降解酶的不同,微生物降解有机污染物有两种方式:第一,在微生物分泌的胞外酶的作用下,在细胞外降解有机污染物;第二,有机污染物被微生物吸收到细胞内后,在胞内酶的作用下降解。微生物从细胞外环境中吸收摄取物质的方式主要有主动运输、被动扩散、促进扩散、胞饮作用等。

1.主动运输

微生物在生长过程中所需要的各种营养物质主要以主动运输(active transport)的方式进入细胞内部。这一过程需要消耗能量,可以逆浓度梯度进行,同时也需要载体蛋白的参与,对被运输的物质有高度的结构专一性。主动运输所消耗的能量因微生物的不同而有不同的来源。在好氧微生物中,能量来自呼吸能;在厌氧微生物中,能量来自化学能(ATP);而在光合微生物中,能量来自光能。

2.被动扩散

被动扩散(passive transport)就是不规则运动的营养物质分子通过细胞膜中的含水小孔,由高浓度的胞外向低浓度的胞内扩散。尽管细胞膜上含水小孔的大小和形状对做被动扩散的营养物分子大小有一定的选择性,但这种扩散是非特异性的,物质在扩散运输过程中既不与膜上的分子发生反应,本身的分子结构也没有任何变化。扩散的速度取决于细胞膜两侧该物质的浓度差,浓度差大则速度大,浓度差小则速度小,当细胞膜内外两侧的物质浓度相同时,达到动态平衡。因为扩散不消耗能量,所以通过被动扩散而运输的物质不能进行逆浓度梯度的运输。细胞膜的存在是物质扩散的前提。膜主要由双层磷脂和蛋白质组成,并且膜上分布有含水膜孔,膜内外表面为极性表面,中间有一疏水层。因此,影响扩散的因素有被吸收物质的分子量、溶解性(脂溶性或水溶性)、极性、pH 值、离子强度、温度等。一般情况下,分子量小、脂溶性小、极性小、温度高时,物质容易被吸收;反之则不容易被吸收。扩散不是微生物吸收物质的主要方式,水、某些气体、甘油、某些离子等少数物质是以这种方式被吸收的。

3.促进扩散

促进扩散(accelerative diffusion)是指在运输过程中不需要消耗能量,也不能逆浓度梯度运输,物质本身在分子结构上也不会发生变化,运输速度取决于细胞膜两侧物质的浓度差。但促进扩散需要借助于位于细胞膜上的一种载体蛋白参与物质的运输,并且每种载体蛋白只运输相应的物质,这是该方式与被动扩散方式的主要区别,即促进扩散的第一个特点。促进扩散的第二个特点是对被运输物质有高度的立体结构专一性。载体蛋白能够加快物质的运输,而其本身在此过程中又不发生变化,因而它类似于酶的作用特性,所以有人将此类载体蛋白称为透过酶。微生物细胞膜上通常存在各种不同的透过酶,这些酶大都是一些诱导酶,只有在环境中存在需要运输的物质时,运输这些物质的透过酶才合成。促进扩散方式多见于真核微生物中,例如通常在厌氧的酵母菌中,某些物质的吸收和代谢产物的分泌就是通过这种方式完成的。

4.胞饮作用

胞饮作用(pinocytosis)就是疏水表面突出物把有机污染物吸附到细胞表面,或通过孔和沟穿透坚硬的酵母细胞壁,而聚集在细胞质表面,再转移到细胞内的氧化部位,如内质网、微体和线粒体。

(二)微生物降解有机污染物的机制

微生物降解和转化土壤中有机污染物,通常主要依靠氧化作用、还原作用、基团转移作用、水解作用及其他机制进行。

1. 氧化作用

土壤有机污染修复中的氧化作用包括：①醇的氧化，如醋化醋杆菌将乙醇氧化为乙酸，氧化节杆菌可将丙二醇氧化为乳酸；②醛的氧化，如铜绿假单胞菌将乙醛氧化为乙酸；③甲基的氧化，如铜绿假单胞菌将甲苯氧化为安息香酸，表面活性剂的甲基氧化主要是亲油基末端的甲基氧化为羧基的过程；④氧化去烷基化，如有机磷杀虫剂可进行此反应；⑤硫醚氧化，如三硫磷、扑草净等的氧化降解；⑥过氧化，艾氏剂和七氯可被微生物过氧化降解；⑦苯环羟基化，2,4-D 和苯甲酸等化合物可通过微生物的氧化作用使苯环羟基化；⑧芳环裂解，苯酚系列的化合物可在微生物作用下使环裂解；⑨杂环裂解，五元环（杂环农药）和六元环（吡啶类）化合物的裂解；⑩环氧化，环氧化作用是生物降解的主要机制，如环戊二烯类杀虫剂的脱卤、水解、还原及羟基化作用等。

2. 还原作用

还原作用主要包括：①乙烯基的还原，如大肠杆菌可将延胡索酸还原为琥珀酸；②醇的还原，如丙酸梭菌可将乳酸还原为丙酸；③芳环羟基化，甲苯酸盐在厌氧条件下可以羟基化。另外，还有醌类还原、双键、三键还原作用等。

3. 基团转移作用

基团转移作用主要包括：①脱羧作用，如戊糖丙酸杆菌可使琥珀酸等羧酸脱羧为丙酸；②脱卤作用，是氯代芳烃、农药、五氯酚等的生物降解途径；③脱烃作用，常见于某些有烃基连接在氮、氧或硫原子上的农药降解反应；④脱氢卤以及脱水反应等。

4. 水解作用

水解作用主要包括酯类、胺类、磷酸酯及卤代烃等的水解类型。而一些其他的反出类型包括酯化、缩合、氨化、乙酰化、双键断裂及卤原子移动等。

（三）典型有机污染物在土壤修复中的主要机制

1. 多环芳烃的微生物降解

多环芳烃（PAHs）是一类普遍存在于环境中的剧毒有机污染物，具有致突变、致癌特征。多环芳烃由 2 个或者 2 个以上的苯环以线性排列、弯接或者簇聚的方式构成的化合物，图 1-1 为低分子量 PAHs 中菲的结构式。美国环境保护署将 16 种 PAHs 列入优先控制有机污染物名单中。欧洲则将 6 种 PAHs 作为主控污染物。1990 年，中国环保总局第一批公布的 68 种优先控制污染物中,7 种为 PAHs。PAHs 因其疏水性、辛醇水分配系数高,而易于从水生态系统向沉积层迁移,最终造成沉积层土壤的污染。研究表明,沈阳抚顺灌区土壤表层 16 种优先控制 PAHs 的平均含量达 2.22 mg/kg,亚表层平均含量为 0.75 mg/kg,且多环芳烃均以四环和五环为主,占总 PAHs 的 34% 以上。

图 1-1　菲的结构式

微生物修复多环芳烃是研究得最早、最深入、应用最为广泛的一种修复方法。其修复机制有两种:①一些微生物能够以 PAHs 为唯一碳源和能源,对其进行降解,乃至矿化;②某些有机物在环境中不能作为微生物的唯一碳源与能源,必须有另外的化合物存在以提供碳源与能源时该有机物才能被降解,即共代谢途径(co-metabolism),提供碳源与能源的底物被称作共代谢底物。前者的降解程度随着苯环数和苯环密集程度增加而降低,尤其是四环以上的 PAHs 降解效率低甚至不能降解;微生物的共代谢作用是目前降解多环 PAHs 使用较多的方法。

2. 多氯联苯的微生物降解

多氯联苯(PCB)是联苯分子中的氢被 1~10 个氯原子所取代的一类化合物,主要特点包括抗生物降解、亲脂性高、具有半挥发性、可以在环境中长时间保留,其分子式为 $C_{12} O_{10-x} Cl_x$(见图 1-2)。从图 1-2 中可以看出,每个苯环上有 5 个取代位点(ortho、meta、para),根据氯原子取代个数和位置的不同,可以将 PCB 化合物分为 209 种同族体(congener)。而且,多数 PCB 同族体或者其混合物都曾用于工业生产中,是最主要的污染源。20 世纪 70

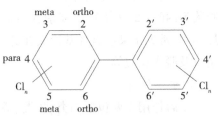

图 1-2　多氯联苯示意图

年代开始,PCB 就被停止使用了,但是由于其具有难降解和持久性的特点,后期关于各种环境介质中不断检出该物质的报道也是层出不穷,其中土壤中的含量相对来说是最高的。另外,斯德哥尔摩公约公布的首批优先控制的 12 种持久性有机污染物就包括 PCB,因为其具有潜在致癌性和毒性,对人体健康和生态系统安全造成了严重威胁。因此,对被多氯联苯污染的土壤进行修复,加快其降解速度是项义不容辞和迫在眉睫的工程。经过实践发现,利用微生物对被多氯联苯污染的土壤进行修复的效果最为显著。

3.有机农药的微生物降解

大量研究表明,农药污染已经严重威胁到食品安全和人畜健康。2012年浙江省农业科学院农产品质量标准研究所和农业部(现为农业农村部)农药残留检测重点实验室等单位对浙江省蔬菜生产中主要使用的9种农药(主要为低毒农药)进行残留检测。研究结果显示,所产蔬菜中均发现大量农药残留,主要的残留农药就有59种。而环境中拟除虫菊酯类除虫剂的残留会导致哺乳动物免疫系统、荷尔蒙、生殖系统疾病,甚至诱发癌症。有机氯农药暴露可能与乳腺癌、阿尔茨海默病、帕金森氏病的发生有关。在棉花上应用的杀雄剂甲基砷酸锌、甲基砷酸钠为砷类化合物,对人体危害也很大。因此,人们迫切需要寻求治理土壤农药污染的有效途径,而一直被认为最安全、有效、经济且无二次污染的生物修复技术无疑是最佳选择。

进入土壤中的农药通过吸附与解吸、径流与淋溶、挥发与扩散等过程,可从土壤中转移和消失,但往往会造成生态环境的二次污染。能够彻底消除农药土壤污染的途径是农药的降解,包括土壤生物降解和土壤化学降解。前者是首要的降解途径,亦是污染土壤生物修复的理论基础。生物降解的生物类型主要为土壤微生物,此外有植物和动物。土壤微生物是污染土壤生物降解的主体,由于微生物具有种类多、分布广、个体小、繁殖快、表面积大、容易变异、代谢多样性等特点,当环境中存在新的有机化合物(如农药)时,其中部分微生物通过自然突变形成新的变种,并由基因调控产生诱导酶,在新的微生物酶作用下产生了与环境相适应的代谢功能,从而具备了新的污染物降解能力。

环境中存在的各种天然物质,包括人工合成的有机污染物,几乎都有使之降解的相应微生物。经过多年的努力,微生物修复已在许多农药污染土壤的消除实践中取得了成功。有学者从沿岸海域分离了38株有机磷农药的耐药菌,用分批培养法进行富集培养,得到有机磷农药降解菌,并着重研究了其中两株菌对甲胺磷农药的降解情况。结果表明,在10 d内,降解菌株1比降解菌株2的降解率高6%,在各自的甲胺磷培养液中,降解菌株1的数量也多于2,在降解过程中降解菌株1的毒性要比降解菌株2的毒性下降幅度大。有学者采用添加有机磷农药的选择性培养基,在长期受有机磷农药污染的土壤中分离到7株有机磷农药降解菌株。经生理生化鉴定和系统发育分析,16SrDNA序列同源比较,系统发育分析和染色体ERIC-PCR指纹图谱扩增表明有机磷农药长期污染的土壤中有机磷农药降解菌具有丰富的多样性。在进一步的研究中,有学者又对分离自同一有机磷农药污染土壤的7株有机磷农药降解菌的降解特性进行了比较,7 株降解菌都能以甲基对硫磷为唯一碳源生长,并生成中间代谢产物对硝基苯酚。对硝基苯酚的降解经过一段延滞期,不同菌株降解对硝基苯酚的能力和延滞期有很大差异,丰富了有机磷农药降解菌的多样性,并比较了分离至同一污染土壤的有机磷农药降解菌的降解特性,微生物具有降解农药的功能,优良菌株被不断地从受农药污染的土壤和水体中筛选出来。近年来人们开始尝试着运用基因工程的手段创建农药降解工程菌株。有学者以一株可广谱降解有机磷农药的地衣芽孢杆菌为出发菌株,进行了紫外诱变和甲胺磷梯度平板选育高效降解甲胺磷突变株的研究。筛选出突变菌株 P12,在温度为 30 ℃、溶解氧 2.5 mg/L 的培养条件下,3 d 内对甲胺磷的降解率为 80.1%,比出发菌株提高了将近 10% 的降解率,农药斜面连续传代 10 次。降解活力保持稳定。

农药污染土壤的微生物修复研究的研究重点呈现两个方面。一方面,许多研究表明,通过添加营养元素等外在条件,可刺激土著降解性微生物的作用,提高修复效果。有学者发现从巴基斯坦土壤中分离的微生物都能矿化 2,4-D,并发现添加硝酸盐、钾离子和磷酸盐能增加降解率。加拿大的 Stauffer Management 公司数年来发展了一些农药污染土壤的生物修复技术,他们在特定环境中通过激发降解性土著微生物群落的功能达到修复目的,并且在美国专利局获得了 3 项专利。另一方面,许多研究证实了通过接种外源降解性微生物,可以达到很好的生物修复效果。有学者在波兰的 ODOT 进行了土壤中 2,4-D 的生物修复田间试验,在厌氧环境下加入厌氧消化污泥,经过 7 个月的处理,土壤中 2,4-D 从 1 100 mg/kg 降低到 18 mg/kg,并在大规模试验中证实了微生物修复的可行性。国内的一些单位也进行了大量的微生物修复研究,南京农业大学研制成的农药残留微生物降解菌剂已获得中国专利优秀奖,并授权江苏省江阴市利泰应用生物科技有限公司推广应用,其商品名称为"佰绿得"(BiORD),施用后可有效降解作物和土壤中农药残留量的 95% 以上,明显改善农产品品质,提高附加值。因此,通过研究降解性微生物,认为其体内的酶处理农药污染的土壤、农产品和水源有很大的应用潜力。充分研究降解性微生物的生物学特性,将为微生物应用于污染物的实际修复提供理论指导。

4.石油污染土壤的微生物降解

在石油生产、储运、炼制、加工及使用过程中,由于各种原因,总会有石油烃类的溢出和排放。目前,我国石油企业每年生产落地原油约 70 万 t,其中约 7 万 t 进入土壤环境,石油污染问题引起了人们越来越多的关注,刺激了人们发明有效的技术方法对其进行治理,针对石油污染的生物修复的研究较多。

石油生产和运输造成的污染随处可见,如油轮泄漏、石油加工企业排污、输油管道破裂等造成水体、土壤和地下水的污染。降解石油的微生物广泛分布于海洋、淡水、陆地、寒带、温带、热带等不同环境中,能够分解石油烃类的微生物包括细菌、放线菌、霉菌、酵母及藻类等共 100 余属 200 多种。

通常认为,在微生物作用下,石油烃的代谢机制包括脱氢作用、氧化作用和氢过氧化作用。其中,烷烃的氧化途径有单末端氧化、双末端氧化和次末端氧化。直链烷烃首先被氧化成醇,在醇脱氢酶的作用下醇被氧化为相应的醛,通过醛脱氢酶的作用醛被氧化成脂肪酸。正烷烃的生物降解是由氧化酶系统酶促进行的,而链烷烃也可以直接脱氢形成烯,烯再进一步氧化成醇、醛,最后形成脂肪酸。链烷烃也可以被氧化成烷基过氧化氢,然后直接转化成脂肪酸。一些微生物能将烯烃代谢为不饱和脂肪酸并使某些双键位移或产生甲基化,形成带支链的脂肪酸,再进行降解。多环芳烃的降解是通过微生物产生加氧酶后进行定位氧化反应。真菌可以产生单加氧酶,在苯环上加氧原子形成环氧化物,再在其上加入 H_2O 转化为酚和反式二醇。而细菌可以产生双加氧酶,苯环上双加氧原子形成过氧化物,其被氧化成为顺式二醇,再脱氢转化为酚。经过微生物代谢产生的物质可被微生物自身利用合成细胞成分,或者可以继续被氧化成 CO_2 和 H_2O。好氧微生物降解一直是石油污染物的主要处理方式,对其已有较深的研究。近年来,对石油污染的厌氧处理开始引起国内外研究者的关注。与好氧处理相比,厌氧处理有优点也有缺点。在好氧条件下,好氧微生物降解低环芳烃,但四环以上的多环芳烃却没有明显降解效果。厌氧微生物可以利用 NO_3^-、SO_4^{2-}、Fe^{3+} 等作为电子受体,将好氧处理不能降解的部分物质降解掉。但是与好氧处理相比,厌氧菌的培养速度和对污染物的降解速度都很慢。电子受体对厌氧降解的影响也很大,有研究表明,在有混合电子受体的条件下,更有利于石油烃的降解,因此可通过加混合电子受体的方式加强修复。微生物对不同的烃类降解能力不同。一般认为,可降解性次序为:小于 C10 的直链烷烃>C10~C24 或更长的直链烷烃>小于 C10 的支链烷烃>C10~C24 或更长的支链烷烃>单环芳烃>多环芳烃>杂环芳烃。微生物对石油烃代谢降解的基本过程可能包括:微生物接近石油烃,吸附摄取石油烃,分泌胞外酶,物质的运输和胞内代谢。

1989 年 Exxon 石油公司的油轮在阿拉斯加 Prince Willian 海湾发生溢油事故,溢油量达 4 170 m³,污染海岸线长达 500~600 km。为了消除污染,该公司采用原位生物修复措施,通过喷施营养物(N 源、P 源)加速海滩上自然存在的微生物对污染石油的降解,使石油污染程度明显减轻,并未向周围海滩及海水中扩散。美国犹他州某空军基地采用原位生物降解修复航空发动机油污染的土壤。在土壤湿度保持 8%～12% 条件下，添加 N、P 等营养物质，并通过在污染区打竖井增加 O_2 供应。13 个月后土壤中平均油含量由 410 mg/kg 降至 38 mg/kg。荷兰一家公司应用研制的回转式生物反应器，使土壤在反应器内与微生物充分接触，并通过喷水保持土壤湿度，在 22 ℃ 处理 17 d 后，土壤含油量由 1 000～6 000 mg/kg 降至 50～250 mg/kg。有学者研究了北极冻原油滴污染土壤，现场接种抗寒微生物混合菌种进行生物修复处理，一年后，土壤中油浓度降到初处理浓度的 1/20。有学者进行了石油污染土壤生物修复技术的微生物研究，研究结果表明生物修复技术大大节省能源投资，对大规模的污染土壤处理来说，是一种简单易行、便于推广的污染土壤清洁技术。

石油烃类的性质是影响微生物修复效果的主要因素，这包括石油烃类的类型及各组分含量。微生物对烷烃的分解特征为直链烃比支链烃、环烃都容易氧化。随着 C 数的增大，氧化速度减慢，当 C 数大于 18 时，分解逐渐困难。有文献报道，高分子芳香烃物质相对低分子芳香烃难分解，沥青和胶质最难分解。另外，石油中的多环芳烃生物可降解性顺序为线性>角性>环性。有学者用微生物处理被石油烃污染的土壤，270 d 后，75% 的原油被降解，其中属饱和烃的正构烷烃和支链烷烃在 16 d 内几乎全部降解；78% 的环烷烃被降解；芳香烃有 71% 被同化；占原油总重量 10% 的沥青质完全保留了下来。石油烃性质和浓度也是影响菌株生物活性的重要因素，石油烃浓度过高或太低，都会对微生物产生毒害作用或根本不足以维持一定数量的微生物生长，这样一来生物修复也起不到效果。有研究者从辽河油田和大庆油田石油污染土壤中分离筛选出芽孢杆菌属中的枯草芽孢杆菌和地衣芽孢杆菌，对不同性质的石油烃中的烷烃、芳烃和胶质沥青质的去除率分别为 62.96%～78.67%、16.76%～33.92%、3.78%～15.22%。当石油烃含量为 0.5%～2.0% 时，石油烃的去除率随着浓度的增加而升高；当石油烃含量为 2.0%～10.0% 时，石油烃的去除率随着浓度的增加而降低。

一般情况下，土壤中降解烃的微生物只占微生物群落的 1%，而当有石油污染物存在时，降解者的比率由于自然选择可提高到 10%。微生物的种类、数量及其酶活性都是石油烃类生物降解速率的制约因素。有学者以石油烃为唯一碳源的原油培养基，从陕北石油污染土壤中优选出 7 株菌株，菌株鉴定结果表明，7 株均为革兰氏阴性菌，其中包括不动细菌属、奈瑟氏球菌属、邻单胞菌属、黄单胞菌属、动胶菌属、黄杆菌属、假单胞菌属。7 株菌的降油试验结果表明，降解 8 d 后，加菌试样的石油烃降解率均达到 80% 左右，接种量越大，石油菌数量越多,石油烃降解率随接种量的增加而提高。采用黄单胞菌属和邻单胞菌属的菌株对土壤进行生物修复,去除率可达 88.4% 和 73.4%。有学者采用存在于载体上的微生物联合体和营养物质对 4 000 m² 的石油污染土地进行处理,结果表明石油烃等有机污染物的降解依赖于微生物群落的共同作用。

第二节　微生物修复的影响因素

一、影响重金属污染土壤微生物修复的因素

(一)微生物种类

大量研究发现,对重金属具有修复能力的微生物主要包括真菌、细菌、放线菌。微生物种类不同,对重金属污染的耐性不同,一般认为,耐性由低到高依次为放线菌、细菌、真菌。下面对具有重金属污染修复能力的微生物进行概述。

1.真菌

与细菌相比,真菌因接触面积大、生物量大、生长速度快、对环境要求低、抗逆性强等优势,已在土壤重金属污染修复中得到了广泛的应用。自 19 世纪至今,发现了许多真菌可以吸附土壤中的重金属离子,如丛生菌根真菌(*Arbuscular mycorrhizae*)、黑曲霉真菌(*Aspergillus niger*)、类酵母(*Aureobasidium pullulans*)、木霉属(*Trichoderma*)、出芽短梗霉(*Aureobasidium pullulans*)、球囊霉(*Glomus* spp.)、腐木真菌(*Phellinusribis*)、树脂枝孢霉(*Cladosporium resinae*)与青霉属(*Penicillium* spp.)等。有学者研究发现,AM 真菌能有效地修复御谷与高粱植物的土壤 Fe^{3+} 污染;还发现,在盆栽条件下,AM 真菌能产生铁载体,以促进植物对 Fe^{3+} 的吸收程度。有学者通过盆栽试验发现,大杯蕈(*Clitocybe maxima*)能有效地促进植物对 Cu、Cd 的吸收,尤其当土壤重金属含量较低时,效果更加明显。有学者研究发现,非共生内生真菌 PDR1-7(*Trichoderma* sp.)可促进樟子松根部对 Pb 的富集。有学者利用黑曲霉对工业区污染土壤中的重金属进行了批量生物浸出试验,并比较了一步法与二步法的浸出效率,结果表明,经过一步法,对 Cu、Cd、Pb、Zn 的最大去除率分别可达 56%、100%、30%、19%。经过二步法,对 Cu、Cd、Pb、Zn 的最大去除率分别可达 97.5%、88.2%、26%、14.5%。有学者研究发现,耐性真菌 Q7 可促进香根草地上部与地下部对 Pb、Cd 的富集。表 1-1 是近年来发现的对重金属污染具有修复能力

的真菌。

表1-1　具有修复重金属污染能力的真菌

菌种名称	重金属
丛生菌根真菌(*Arbuscular mycorrhizae*)	Fe
大杯蕈(*Clitocybe maxima*)	Cu、Cd
非共生内生真菌 PDR1-7(*Trichoderma* sp.)	Pb
黑曲霉真菌(*Aspergillus niger*)	Cu、Cd、Pb、Zn
耐性真菌 Q7	Pb、Cd
哈茨木霉菌(*Trichoderma harzianum*)	Cu
球囊霉(*Glomus* spp.)	Zn、Cd
AMF(*Funneliformis geosporum* N.et G.)	Zn
Trichoderma sp.(WT2)	Pb

2.细菌

目前,研究较多的耐重金属污染细菌主要有链霉菌(*Streptomyces*)、芽孢杆菌(*Bacillus* sp.)、微球菌(*Micrococcus*)、恶臭假单胞菌(*Pseudomonas putida*)与弗兰克氏菌(*Rhizobium Frank*)等。有学者通过盆栽试验发现,接种 *Alcaligenes* sp.qz-1 可显著提高玉米对土壤中 Cr 的吸收量,与未接种相比,吸收总量可增加 13.9%~36.9%。有学者等研究发现,在 Cd、Pb 的浓度均为 0 的条件下,接种 *Rhodococcus baikonurensis*.J6 菌可促进黑麦草生长,提高生物量;还发现,接种 J6 菌能促进黑麦草对 Pb、Cd 的吸收。有学者研究发现,接种能分泌铁载体的根际促生菌(*Pseudomonas aeruginosa* KUCd1),可使西葫芦地下部分和地上部分 Cd 的含量分别降低 59.2%和 4.4%,避免了过高浓度 Cd 对植物体的毒害。有学者研究发现,从超富集植物油菜体内分离出的巨大芽孢杆菌 JL35 与鞘氨醇单胞菌 YM22,能显著提高 Cu 吸收量。有学者研究发现,从含有 Co^{2+} 和 Ni^{2+} 的矿井废水中分离出的芽孢杆菌(*Bacillaceae bacterium*)与铜绿假单胞菌(*Pseudomonas aeruginosa*),能将重金属 Ni^{2+} 的浓度从 5 mg/L 降低到 350 μg/L,去除率高达 93%。表1-2是近年来发现的对重金属污染具有修复能力的细菌。

表1-2　具有修复重金属污染能力的细菌

菌种名称	重金属
产碱菌 *Alcaligenes* sp.qz-1	Cr
耐性细菌 *Rhodococcus baikonurensis*.J6	Pb、Cd
根际促生菌 *Pseudomonas aeruginosa* KUCd1	Cd
巨大芽孢杆菌 JL35、鞘氨醇单胞菌 YM22	Cu
芽孢杆菌 *Bacillaceaebacterum*、假单胞菌 *Pseudomonas aeruginosa*	Ni
铜绿假单胞杆菌 *P.aeruginosa*	Cr、Pb
内生细菌 *Serratia marcescens* PRE01	Cd、Cr
食酸代尔福特菌 *Delftia acidovorans*	Cd
产氮假单胞菌 *Pseudomonas azotoformans* ASS1	Cu、Zn、Ni
链霉菌 *Streptomyces thermocarboxydus*	Cr
海洋解木糖赖氨酸芽孢杆菌 *Lxsinibacilbls xylanilyticus* sp.JZ008	Cd、Cr、Cu

（二）重金属浓度

一般来说，微生物耐重金属浓度应当在适当范围内，过大或者过小，都会影响菌株的生长，进而影响对重金属的修复效果。有学者考察了菌株大肠杆菌属 *Escherichia*.P15 在不同 Pb^{2+} 浓度下的吸附性，结果发现，P15 在 Pb^{2+} 浓度为 200 mg/L 时，其去除 Pb^{2+} 能力最强，可达 80%。有学者从富含 Hg 的土壤中筛选出了一株变形假单胞菌（ *Pseudomonas plecoglossicida* ），并考察了在不同 Hg^{2+} 浓度的条件下该菌种对 Hg^{2+} 的去除效果，研究表明，Hg^{2+} 浓度为 10～15 mg/L 时，去除率高达 93.88%，并有随 Hg^{2+} 浓度的增加，去除效果呈降低的趋势。有学者将含 Cr 泥土与链霉菌（ *Streptomyces* ）在培养基中混合培养，研究发现，当泥土中 Cr^{6+} 浓度为 1 800 mg/kg 时，经过 30 d 后，去除率高达 100%。有学者从 Cd 污染土壤中筛选和分离出一株对 Cd^{2+} 吸附率高的菌株食酸代尔福特菌 *Delftia acidovorans*.B9，并考察了在不同 Cd^{2+} 浓度的条件下该菌种对 Cd^{2+} 的吸附效果，研究发现，Cd^{2+} 的浓度越低吸附率越高，Cd^{2+} 浓度为 1 mg/L 时，吸附率可达 87.07%；Cd^{2+} 浓度为 50 mg/L 时，吸附率下降至 31.8%。

（三）外界因素

微生物修复重金属污染的效果主要受环境温度、pH、盐浓度等的影响。

1.温度

微生物适宜生长温度在一定范围内,过高或过低,都会偏离微生物最佳的生长条件,从而对微生物修复重金属造成影响。有学者研究了在不同温度条件下哈茨木霉菌株 T61 对 Cd^{2+} 的降解作用,结果发现,当温度小于 28 ℃ 时,随着温度升高,菌株 T61 对 Cd^{2+} 的降解率增加;当温度大于 28 ℃ 时,随着温度增加,其降解率降低。有学者从植物根际土壤中分离得到了 *Sphingomonas echinoides.*BS1、*Massilia flava.*BS2 与 *Bacillus aryabhattai.*BS3 三株耐镉菌,并考察了在不同温度下 3 种菌对 Cd 的吸附效果,结果发现,随着温度的升高,3 种菌对 Cd 的吸附率在整体上都呈现先升后降趋势,在 30 ℃ 时吸附率达到最高,为 57.32%。有学者通过简青霉(*Penicillium simplicissimum*)吸附 Cd^{2+} 发现,随着温度升高,重金属与菌体表面的吸附位点的亲和力增强,当温度超过菌体适宜生存条件时,会使细胞壁变形,吸附位点减少,从而导致吸附量减少。

2.pH

微生物在生长过程中菌体时刻发生着酶促反应,并在适宜的 pH 范围内,酶促反应速率达到最优,过高或过低,微生物生长都会被抑制,进而影响微生物对重金属的修复能力。有学者考察了不同 pH 对真菌 LP-20 固定 Cd^{2+}、Zn^{2+} 效果的影响,结果发现,LP-20 对 Cd^{2+}、Zn^{2+} 的固定效率分别在 pH=4、pH=3 时达到最大值,分别为 96.45%、68.34%,在 pH 为 3~5 时固定效率分别保持在 95%、65% 以上,在 pH=6 时分别降至 90% 以下、40% 左右,在 pH=7 时分别降至 80%、40% 以下。有学者在 pH=6 的最佳条件下发现,花斑曲霉(*Aspergillus versicolor*)对初始浓度为 50 mg/L 的 Cr^{6+}、Ni^{2+}、Cu^{2+} 的吸附率分别为 99.89%、30.05%、29.06%。

3.盐浓度

微生物在生长代谢过程中,适量的盐可维持菌株细胞内外渗透压,而盐度过高会使细胞脱水死亡。有学者考察了盐浓度对黏质沙雷氏菌(*Serratia marcescens.*HB-4)吸附 Cd^{2+} 的影响,结果表明,当溶液 NaCl 浓度为 0 时(质量),HB-4 对重金属 Cd^{2+} 的去除率高达 94.4%,随着 NaCl 浓度的继续上升,去除效果降低。有学者研究发现,当 NaCl 浓度从 0.1 mol/L 提高到 0.2 mol/L 时,硝基还原假单胞菌对 Cd^{2+} 的去除率增加,随着 NaCl 浓度的继续上升,细菌生长受到抑制且去除率降低。

二、影响有机污染土壤微生物修复的因素

影响微生物修复石油污染土壤效果的因素很多,除有机污染物自身的特

性外,还包括土壤中微生物的种类、数量,以及生态结构、土壤中的环境因子等。另外,由于表面活性剂在有机污染物的微生物修复中所扮演的重要角色,本小节将进行简单介绍。

(一)有机污染物的理化性质

有机污染物的生物降解程度取决于它的化学组成、官能团的性质及数量、分子量大小等因素。通常来说,饱和烃最容易被降解,其次是低分子量的芳香族烃类化合物、高分子量的芳香族烃类化合物,而石油烃中的树脂和沥青等则极难被降解。不同烃类化合物的降解率由高到低顺序是正烷烃、分支烷烃、低分子量芳香烃、多环芳烃。官能团也影响有机物的生物可利用性,分子量大小对生物降解的影响也很大,高分子化合物的生物可降解性是较低的。此外,有机污染物的浓度对生物降解活性也有一定的影响。当浓度相对低时,有机污染物中的大部分组分都能被有效降解;但当有机污染物的浓度提高后,由于其自身的毒性会影响土壤微生物的活性,使得降解率便相应降低。

(二)微生物种类和菌群对修复的影响

微生物在生物修复过程中既是石油降解的执行者,又是其中的核心动力。土壤中微生物的种类及构成是影响有机污染土壤微生物修复的重要因素。因此,寻找高效污染物降解菌是当前微生物修复技术的研究热点。用于生物修复的微生物有三类,即土著微生物、外来微生物和基因工程菌。当前国内相关研究单位在寻找高效有机污染物的降解菌方面仍然以土著微生物为重点。用传统的微生物培养、纯化的方法从污染环境中筛选出目标菌。因为自然界中存在数量巨大的各种各样的微生物,在遭受有毒的有机物污染后,可出现一个天然的驯化选择过程,使适合的微生物不断增长繁殖,数量不断增多。由于土著微生物降解污染物的巨大潜力,因此在生物修复工程中充分发挥土著微生物的作用,不仅必要,而且有实际应用的可能。但当在天然受污染环境中合适的土著微生物生长过程慢、代谢活性不高,或者由于污染物毒性过高造成微生物数量反而下降时,可人为投加一些适宜该污染物降解的、与土著微生物有很好相容性的高效菌,即外来微生物。目前,用于生物修复的高效降解菌大多是多种微生物混合而成的复合菌群,其中不少已被制成商业化产品,如光合细菌。目前,广泛应用的光合细菌菌剂多为红螺菌科,对有机物有很强的降解转化能力。

(三)环境因素对有机污染物生物降解的影响

微生物对有机污染物不同组分的降解能力是不同的,同时微生物对有机污染物的降解受到环境因素的影响,这种影响对有机污染物的降解往往具有决定性作用。某种石油烃在一种环境中能长期存在,而在另一种环境中,相同的烃化合物在几天甚至几小时内就可被完全降解,影响有机污染物生物降解的因素主要有 pH、O_2 含量、温度、营养物质含量和盐浓度。

土壤的 pH 是土壤化学性质的综合反映,在影响有机污染物的微生物降解的所有土壤因素当中,土壤的 pH 起着最关键的作用。与大多数微生物相同,能降解有机污染物的土壤微生物繁殖的适宜 pH 为 6~8,最优一般为 7.0~7.5。由于土壤微生物在降解过程中产生的酸性物质往往在土壤中有积累效应,会导致 pH 进一步降低,所以在偏酸性污染土壤的生物治理过程中,为了提高微生物代谢活性和降解的速率,可以在土壤中添加一些农用酸碱缓冲剂,以调整土层的 pH。最适 pH 既与降解菌有关,也与降解条件密切相关。

温度通过影响石油的物理性质和化学组成,进而影响其微生物的烃类代谢速率。在低温环境下,有机污染物的黏度增加,短链有毒烷烃的挥发作用减弱,而水溶性增加,对微生物的毒性也随之增大,这将间接地影响烃类物质的生物降解。温度低时,酶活力降低,进而导致降解速率也降低;而较高的温度可使烃代谢速率升至最大,一般为 30~40 ℃,高于 40 ℃时,烃的毒性增大,微生物自身的活性也会降低,进而降低有机污染物的微生物降解速率。

环境中的氧气对微生物而言是一个极其重要的限制因子。微生物对有机污染物的生化降解过程随烃类的不同而不同,但在好氧微生物降解的起始反应却是相似的,在降解的过程中需要大量的电子受体,主要是溶解氧和 NO_3^-。据统计,每分解 1 g 石油需 O_2 3~4 g。而在石油污染区域,石油烃在土壤孔隙水表面容易形成油膜,导致氧的传递速率非常缓慢。因而,许多石油污染区的微生物修复过程中,供氧不足成为石油降解的制约因素。

微生物的生长离不开碳、氮、磷、硫、镁等无机元素。而环境中的营养物质是有限的,有机污染物是微生物可以利用的大量碳底物,但它只能提供比较容易得到的有机碳,而不能提供氮、磷等无机养料,因此氮、磷、钾等无机营养物是限制微生物活性的重要因素。为了使污染物达到完全的降解,要适当地添加营养物。氮源和磷源是常见的烃类生物降解限制因素,适量地添加可以促进烃类生物降解。

一般细菌等微生物只能在低盐浓度环境中繁殖,低浓度的盐类（NaCl、KCl、$MgSO_4$ 等）对微生物的生长是有益的。当土壤盐浓度过高时,会影响微生物对水分的吸收。进而抑制或杀死微生物;同时溶液中 NaCl 浓度对细胞膜上的钠钾泵有很大的影响,而钠钾泵维持的细胞内外离子梯度具有重要的生理学意义。它不仅维持细胞的膜电位,也调节细胞的体积和驱动某些细胞中的糖与氨基酸的运输,从而影响细胞的生长。

(四)表面活性剂在土壤有机污染物微生物修复中的作用

由于有机污染物,特别是石油烃中含有大量的疏水性有机物,它们具有黏性高、稳定性好、生物可利用性低的特点,这些高分子有机物、多环芳烃类严重限制了生物修复的效果和速度。因此,目前关于微生物修复技术的研究和应用几乎都要采用一些强化措施提高生物修复的效率。所谓生物强化修复是指在生物修复系统中通过投加具有特定功能的微生物、营养物或采取其他措施,以期达到提高修复效果、缩短修复时间、减少修复费用的目的。在污染土壤中添加适量的表面活性剂则是有机污染物微生物修复中经常用到的生物强化手段之一。表面活性剂(surfactant)是指加入少量能使其溶液体系的界面状态发生明显变化的物质。具有固定的亲水亲油基团,在溶液的表面能定向排列。表面活性剂的分子结构具有两亲性:一端为亲水基团,另一端为疏水基团;亲水基团常为极性基团,如羧酸、磺酸、硫酸、氨基或铵盐,羟基、酰胺基、醚键等也可作为极性亲水基团;而疏水基团常为非极性烃链,如 8 个碳原子以上烃链。表面活性剂分为离子型表面活性剂(包括阳离子表面活性剂与阴离子表面活性剂)、非离子型表面活性剂、两性表面活性剂、复配表面活性剂、其他表面活性剂等。大量研究表明,疏水的有机污染物从土壤表面到细胞内部的传递效率是生物降解的主要限速步骤。而表面活性剂的加入可增加有机污染物在水相中的传递速率,是一种行之有效的油污土壤修复强化手段。

表面活性剂能够降低界面的表面张力,并可通过形成胶束的形式将疏水性有机污染物包裹在胶束内部而脱附进入水相,增加了有机污染物的流动性。这一特性已经被应用到改善疏水性有机污染物污染土壤生物修复的研究中,取得了一定的成效,但也存在一些问题。表面活性剂对土壤微生物的作用主要体现在细胞膜对表面活性剂的吸附作用和对微生物在土壤中存在状态的改变。由于生物膜由大量磷脂分子组成,磷脂与表面活性剂有类似的结构和性能,所以细胞膜对表面活性剂具有较强的吸附作用。这种吸附作用会在细胞膜和污染物之间起到架桥作用,进而可能影响污染物的脱附速率,同时改变了细胞膜的通透性,使 HOCs 和中间代谢物的跨膜速率加快,有助于提高降解速率。

采用表面活性剂对有机污染场地的生物修复强化方面,国内外展开了大量的研究,一致表明表面活性剂可促进石油类污染物的降解,特别是针对菲、芘等多环芳烃,多氯联苯类的降解都有明显的加强作用。有学者在研究表面活性剂对加油站地下油污土壤修复的影响时发现,腐植酸钠、SDS 等对石油类物质的降解均有明显的促进作用。也有研究对土壤中的菲和柴油污染土壤进行表面活性剂淋洗,结果发现污染物的解吸速率得到了增强。有学者研究了Tween-80对沥青质等原油污染物生物降解的强化作用,并在模拟试验中使得沥青质等原油中高黏度组分的微生物降解效果大为增强,该研究证明了表面活性剂在稠油污染土壤修复中具有强大的应用潜力。目前,在污染土壤生物修复中添加表面活性剂的研究大多是在实验室内模拟来提高污染物生物可利用性,还没有应用到区域放大试验中的实例。

第三节　微生物修复的场地条件

中国在快速城市化和污染土地开发过程中,发生了一些严重的污染事件。其中有些事件经过媒体报道,引起了公众的广泛关注。例如,2004年北京市宋家庄地铁工程施工工人中毒事件,成为中国重视工业污染场地的环境修复与再开发的开端。

该事件后,国家环保总局于2004年6月1日印发了《关于切实做好企业搬迁过程中环境污染防治工作的通知》(环发〔2004〕47号),要求关闭或破产企业在结束原有生产经营活动、改变原土地使用性质时,必须对原址土地进行调查监测,报环保部门审查,并制订土壤功能修复实施方案。对于已经开发和正在开发的外迁工业区域,要对施工范围内的污染源进行调查,确定清理工作计划和土壤功能恢复实施方案,尽快消除土壤环境污染。

实际上,改革开放以来,来华投资的企业大多都采用美国的场地环境调查与评价技术规范,对其购入的企业或土地进行场地环境调查与评价,以识别场地环境状况,规避污染责任。主要参考国外的标准体系,如荷兰、美国和加拿大等。自2004年宋家庄地铁事件之后,中国的环境保护研究机构在各地开始涉足污染场地领域的研究与实践,并根据污染场地开发利用过程中环境管理和土壤修复的需要,分别制定出台了相关的地方法规和配套技术标准。

从国家政策层面来看,2008年6月,环境保护部发布了《关于加强土壤污染防治工作的意见》(环发〔2008〕48号),该意见提出了中国土壤污染的重大问题、政府的具体要求、实施方案及相应的行动措施。提出的行动方案包括:全面完成土壤污染状况调查;初步建立土壤环境监测网络;编制完成国家和地方土壤污染防治规划,初步构建土壤污染防治的政策法律法规等管理体系框架。

土壤中富含有机体,其拥有很多功能,包括同化作用,也可以吸收外界代谢的物质,同时还具备一定的污染承载能力。土壤本身具备一定自净能力,这与土壤中所含有的阴、阳离子种类,pH,温、湿度,有机物含量等密切相关。

一、场地环境调查

场地环境调查,即采用系统的调查方法,确定场地是否被污染及污染程度和范围的过程。一般可以包括以下三个阶段。

第一阶段场地环境调查是以资料收集、现场踏勘和人员访谈为主的污染识别阶段。若第一阶段调查确认场地内及周围区域当前和历史上均无化工厂、农药厂、加油站、化学品储罐等可能的污染源,则场地环境调查活动可以结束。若第一阶段的调查表明场地内或周围区域存在可能的污染源,则需进行第二阶段场地环境调查,确定污染种类、程度和范围。

第二阶段场地环境调查是以采样与分析为主的污染证实阶段。若第二阶段场地环境调查的结果表明,场地的环境状况能够接受,则场地环境调查活动可以结束。若第二阶段调查确认污染事实,需要进行风险评估或污染修复时,则要进行第三阶段场地环境调查。

第三阶段场地环境调查以补充采样和测试为主,满足风险评估和土壤及地下水修复过程所需参数。

二、污染场地风险评估

污染场地风险评估即评估场地污染土壤和浅层地下水通过不同暴露途径,对人体健康产生危害的概率。

污染场地风险评估首先是根据场地环境调查和场地规划来确定污染物的空间分布和可能的敏感受体。在此基础上进行暴露评估和毒性评估,分别计算敏感人群摄入的来自土壤和地下水的污染物所对应的土壤和地下水的暴露量,以及所关注污染的毒性参数。然后,在暴露评估和毒性评估的工作基础上,采用风险评估模型计算单一污染物经单一暴露途径的风险值、单一污染物经所有暴露途径的风险值、所有污染物经所有暴露途径的风险值,进行不确定性分析,并根据需要进行风险的空间表征。

风险空间表征就是计算包括单一污染物的致癌风险值、所有关注污染物的总致癌风险值、单一污染物的危害商(非致癌风险值)和多个关注污染物的危害指数(非致癌风险值),判断计算得到的风险值是否超过可接受风险水平。若污染场地风险评估结果未超过可接受风险水平,则结束风险评估工作;若污染场地风险评估结果超过可接受风险水平,则计算关注污染物基于致癌风险的修复限值和/或基于非致癌风险的修复限值。

三、重金属污染场地

化学中相对密度不低于 5.0 的金属元素被划归为重金属元素,一般而言,重金属并无严格的定义。当前,重金属元素包括 Zn、Ge、Mn、Cu 等 45 种金属元素,而由于 As 属性与金属元素相似,因此其被归类为重金属元素,同时 As 也是导致场地污染的重金属元素之一。一般而言,被污染的场地土壤,较为常见的重金属元素为 As、Ni、Hg、Cu、Zn、Cd、Cr、Pb 等,而这 8 种重金属元素在日常的化学原料以及冶金业、皮革相关制品行业、蓄电池制造业等多种行业都较为常见。

(一)标准值

1.重金属污染场地土壤修复 pH 标准值

重金属污染场地土壤修复 pH 标准值范围为 6.0~9.0。

2.重金属污染场地土壤修复总量标准值

重金属污染场地土壤修复总量标准值即重金属污染场地土壤修复目标值最高限值(见表 1-3)。

表 1-3　重金属污染场地土壤修复总量标准　　　　单位:mg/kg

序号	污染物	修复目标用地类型		
		居住用地	商业用地	工业用地
1	总铅	280	600	600
2	总砷	50	70	70
3	总镉	7	20	20
4	总汞	4	20	20
5	总铬	400	610	800
6	六价铬	5	30	30
7	总钒	200	250	250
8	总锰	2 000	5 000	10 000
9	总铜	300	500	500
10	总锌	500	700	700
11	总锑	30	60	60

3.重金属污染场地土壤修复浸出浓度标准值

修复目标场地边界半径 2 000 m 范围内存在饮用水水源地、集中地下水开采区、涉水风景名胜区和自然保护区等水环境敏感点,重金属污染场地土壤浸出浓度执行《地表水环境质量标准》(GB 3838—2002)Ⅱ类标准,除此之外执行Ⅳ类标准。

锰、钒、锑浸出浓度统一执行《地表水环境质量标准》(GB 3838—2002)规定限值。总铬不执行重金属污染场地土壤浸出浓度标准。

(二)监测要求

为保证土壤监测数据的准确性和可靠性,对布点、采样、样品制备、分析测试、数据处理等环节进行全程序质量保证和质量控制。

1.采样点布设

土壤采样点布设参照《建设用地土壤污染风险管控和修复监测技术导则》(HJ 25.2—2019)。

2.验收监测

土壤污染物含量、浸出浓度为修复工程完工后监测一次。

3.跟踪监测

土壤污染物含量、浸出浓度为修复工程完工12个月后监测一次。

4.分析测试方法

按国家标准方法或其他等效方法进行,但其检出限、准确度、精密度均不应低于方法规定要求,并应经国家标准样品在本实验室的验证后方能采用。我国尚没有规定标准监测分析方法和统一方法的,可采用ISO、美国EPA或日本JIS的相应监测分析方法。分析方法见表1-4、表1-5。浸出方法按《固体废物浸出毒性浸出方法　水平振荡法》(HJ 557—2010)执行。

表1-4　土壤污染物分析测试方法

污染物	分析方法	来源
土壤 pH	电极法	参考①
总镉、总铅	石墨炉原子吸收分光光度法 KI-MIBK 萃取火焰原子吸收分光光度法	GB/T 17141—1997 GB/T 17140—1997
总砷	硼氢化钾-硝酸银分光光度法 二乙基二硫代氨基甲酸银分光光度法 微波消解/原子荧光法	GB/T 17135—1997 GB/T 17134—1997 HJ 680—2013
总汞	冷原子吸收分光光度法 微波消解/原子荧光法	GB/T 17136—1997 HJ 680—2013
总铬	火焰原子吸收分光光度法	HJ 491—2019

续表 1-4

污染物	分析方法	来源
六价铬	比色法	EPA 7196
总钒	N-BPHA 光度法	参考①
总锰	火焰原子吸收分光光度法	参考①
总铜、总锌	火焰原子吸收分光光度法	GB/T 17138—1997
总锑	微波消解/原子荧光法	HJ 680—2013

注:①中国监测总站:《土壤元素的近代分析方法》。

表 1-5 水环境质量标准基本项目分析方法

基本项目	分析方法	方法来源
pH	玻璃电极法	GB/T 6920—1986
铅	火焰原子吸收分光光度法	GB/T 7475—1987
	双硫腙分光光度法	GB/T 7470—1987
	示波极谱法	GB/T 13896—1992
砷	硼氢化钾-硝酸银分光光度法	GB/T 11900—1989
	二乙基二硫代氨基甲酸银分光光度法	GB/T 7485—1987
	原子荧光法	HJ 694—2014
镉	火焰原子吸收分光光度法	GB/T 7475—1987
	双硫腙分光光度法	GB/T 7471—1987
汞	双硫腙分光光度法	GB/T 7469—1987
	冷原子荧光法	HJ/T 341—2007
	冷原子吸收分光光度法	GB/T 17136—1997
	原子荧光法	HJ 694—2014
铬	高锰酸钾氧化-二苯碳酰二肼分光光度法	GB/T 7466—1987
六价铬	二苯碳酰二肼分光光度法	GB 7466—1987
钒	钽试剂(BPHA)取分光光度法	GB/T 15503—1995
	石墨炉原子吸收分光光度法	HJ 673—2013
锰	火焰原子吸收分光光度法	GB/T 11911—1989
	高碘酸钾分光光度法	GR/T 11906—1989
	甲醛肟分光光度法	HJ/T 344—2007

续表1-5

基本项目	分析方法	方法来源
铜	火焰原子吸收分光光度法 2,9-二甲基-1,10-菲啰啉分光光度法 二乙基二硫代氨基甲酸钠分光光度法	GB 7475—1987 HJ 486—2009 HJ 485—2009
锌	火焰原子吸收分光光度法 双硫腙分光光度法	GB/T 7475—1987 GB/T 7472—1987
锑	原子荧光法	HJ 694—2014

四、有机物污染场地

(一)技术介绍

有机物污染场地修复主要针对受多环芳烃、氯代有机物、石油烃、苯系物、有机农药等污染的土壤。有机污染物有难降解、毒性高、气味大等特点。

在对这类污染土壤的修复中,需要根据污染场地的特性和污染物的特征来使用特定的技术和药剂,以保证在我国土壤修复工期紧、任务重的大环境下达到绿色、高效、经济地修复被污染的场地。

一般在有机物污染场地使用的技术包括热脱附处置、化学氧化、水泥窑协同处置、砖窑协同处置等。

有机物污染场地形成的主要原因是对土壤造成污染的有机物能够进入场地土壤中,并且产生相应的污染性。此类有机物包括持久性有机污染物、农药、多环芳烃以及石油类污染物,其主要源自油漆、农药生产以及石油化工等行业。

1.工艺流程图

工艺流程如图1-3所示。

2.特点和优势

(1)化学氧化技术可以在不进行挖掘的情况下对污染深度较大的场地进行修复,减少对场地的扰动。

(2)上述技术均可以在较短的时间内完成场地的修复。

(3)水泥窑和砖窑技术能够在不影响产品质量的情况下对污染土壤进行大规模的处置,产生二次污染的概率较小。

(4)热脱附技术能对污染程度较重的土壤进行修复。

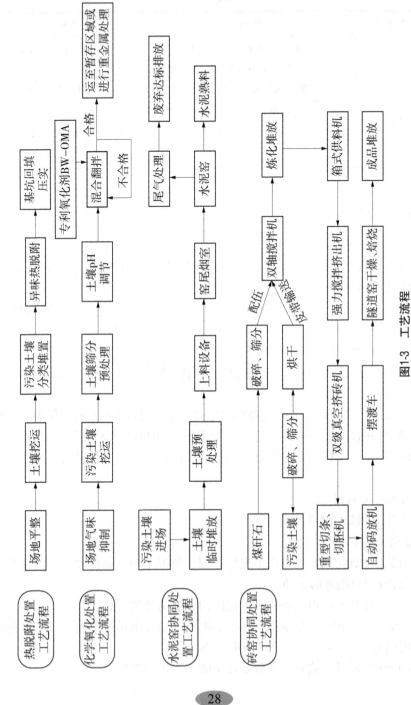

图1-3 工艺流程

(二)挥发性有机物及其污染土壤的特性

挥发性有机物是指室温下饱和蒸汽压超过 70.91 Pa 或沸点小于 260 ℃ 的有机物,是石油、化工、制药、印刷、建材、喷涂等行业排放的最常见污染物。挥发性有机物污染土壤有以下特性。

1.隐蔽性

和其他土壤污染一样,挥发性有机物造成的土壤污染不像大气与水体污染那样容易被人们所发觉。因为土壤是复杂的三相共存体系,各种有害物质在土壤中,总是与土壤相结合。挥发性有机物在土壤里也存在气、液、固三相的吸附平衡,隐匿于土壤环境。而且当土壤污染物损害人畜健康时,土壤本身可能会继续保持一定的生产能力。

2.挥发性

土壤污染主要是通过植物传递来表现其危害的。但和其他大多数土壤污染物不同的是,挥发性有机物具有强挥发性。因而挥发性有机物不像其他污染物那样,经由植物吸收进入生物链传递,而是在一定的条件下(合适的温度、气压及土层受到扰动等),直接从土壤中解吸附,挥发出来被人体吸入或危害环境。

3.毒害性

挥发性有机物大多具有毒性,对人体健康的影响主要是刺激眼睛和呼吸道,使人产生头疼、咽痛、乏力及皮肤过敏等症状。其中,苯、氯乙烯、多环芳烃及甲醛等还是可疑致癌物质。有些挥发性有机物在光照条件下发生光化学氧化反应,生成毒性更强的光氧化产物。部分挥发性有机物对臭氧层有破坏作用,如氯氟碳化物(CFCs)和氯氟烃等。挥发性有机物类物质均可直接或间接对人体或环境造成不良影响。

4.累积性

有学者发现,在挥发性有机物污染土壤中的一些难降解有机物(通常是5、6环化合物),至今仍大量存在于土壤中。由于土壤对化学物质的吸附作用,挥发性有机物将在很长一段时间内缓慢释放。从土壤环境中挥发出的挥发性有机物浓度并不一定很高,但经过长期低剂量释放,也可以在人体中逐日累积,由量变到质变,最终对人体健康造成极大威胁。

5.多样性

挥发性有机物并非单一的化合物,它由 900 多种有机物组成,不同地点、不同时间在土壤中所测得的挥发性有机物组分也是不相同的。由于各有机化合物混合共存,它们之间存在的协同及拮抗等作用,使得此类土壤污染变得更加复杂多样。研究表明,在各单一挥发性有机物组分浓度都低于限制浓度时,挥发性有机物的总浓度达到一定值,仍会对人体造成伤害。尤其是多种挥发性有机物混合存在,其危害程度将大大增加。同时,挥发性有机物组成的多样性,也加大了此类污染土壤修复的难度。

(三)挥发性有机物污染土壤修复技术研究

土壤修复技术通常可以分为工程修复和生物修复两大类,但由于挥发性有机物的上述污染特性,国外主要采用工程修复技术对挥发性有机物污染土壤进行修复。本书阐述的下列适用于挥发性有机物污染土壤的修复技术,在具体技术的选用时,不仅需要考虑污染物的物理、化学特性,同时还需要因地制宜,充分考虑各项具体技术的适用条件、投资概算、运行成本及成熟程度等因素。

1.热解吸技术

热解吸技术是一项新型的非燃烧土壤异位物理修复技术,多用于能够热分解的挥发性有机污染物,如石油污染。加热温度范围通常在 $200 \sim 600$ ℃,可以通过红外线辐射、微波和射频等方式产生热量。在国内外一些工程实践中,利用管道输入水蒸气、打井引入地热等方式来加热土壤,污染物变为气态从而挥发去除,处理效果良好。有学者利用热解吸技术和催化氢化技术联合修复多氯联苯污染土壤。研究表明,在足够的时间和适宜的温度下,多氯联苯的处理效率达到99%以上,连续运行 12 h 的修复效率可达100%。美国海军工程服务中心采用热气抽提系统在 154 ℃下修复油类污染土壤,总石油烃浓度由 4 700 mg/kg 降至 257 mg/kg,去除率达 95%。

2.光降解技术

光降解技术是目前研究较为活跃的挥发性有机物处理方法之一,主要有土壤表层直接光解、土壤悬浮液光解、溶剂萃取与光降解联合处理、光催化氧化等。土壤表层的直接光解应用较广泛,适用于处理水溶性低、具强光降解活性的化学物质。有学者利用模拟可见光照射土壤样品,分析了土壤中的初始含油量、土壤类型、pH 对石油在土壤表面光降解过程的影响。

3.土壤淋洗技术

土壤淋洗技术主要用于处理化学吸附在土壤微粒孔隙及周围的挥发性有机污染物,既可以原位修复,又可以异位修复。其运行方式有单级淋洗和多级淋洗 2 种。淋洗液可以是清水,也可以是无机溶液(碱、盐)、有机溶液和螯合剂、表面活性剂、氧化剂及超临界 CO_2 流体。土壤淋洗技术主要通过淋洗液溶解液相、吸附液相或气相污染物和利用冲淋水力带走土壤孔隙中或吸附于土壤中的污染物。有学者用植物油淋洗受多环芳烃污染的土壤,去除率达90%以上,残留在土壤中的植物油可在几天内被降解。

近几年来,主要用表面活性剂作为淋洗液来修复受挥发性有机物污染的土壤。有关研究表明,使用多种表面活性剂进行连续的土壤清洗,去除效果往往要优于使用单一表面活性剂。生物表面活性剂由于具有高度特异性、良好的生物降解性和生物适应性而具有广泛的应用前景。这类生物表面活性剂可为微生物提供碳源且更易被生物降解。有学者研究了生物表面活性剂和化学表面活性剂清洗油污染土壤的效果,发现用生物表面活性剂作淋洗剂时的修复效果是用化学表面活性剂作淋洗剂时的 1.5 倍。

4.生物修复技术

生物修复技术是在生物降解的基础上发展起来的一种新型的污染土壤修复技术,它是传统的生物处理方法的发展。生物修复技术不仅能够处理其他技术难以应用的污染场地,而且可以同时处理受污染的土壤和地下水,处理效果好、费用低,对环境影响小,不破坏植物生长所需要的土壤环境,但所需修复时间较长、易受污染物类型限制。一般来说,常用的生物修复技术包括微生物修复、植物修复、动物修复三大类。

五、复合污染场地

重金属和有机污染物共同污染的场地,被称为复合污染场地,这也是当前工业方面所形成的场地土壤污染的主要形式。其具体形式较为多样,大致分为不同金属之间的复合污染、不同有机化合物之间的复合污染以及不同重金属与不同有机化合物之间的复合污染。当前,我国污染场地土壤中的污染物主要是重金属类、农药以及石油类的复合污染,复合污染物一旦污染土壤,其多种污染物的共同作用会持续、快速地影响土壤及地下水环境,使得后期的场地修复存在较大的困难。复合污染机制如下。

(一)竞争结合位点

物理化学性质相近的各种污染物由于作用方式和途径相似,因而在生态介质(土壤、水体)、代谢系统及细胞表面结合位点的竞争必然会影响这些污染物共存时的相互作用。通常情况下,对吸附位点的竞争会导致一种污染物从结合位点上取代另一种处于竞争弱势的污染物。这种竞争的结果在很大程度上取决于参与竞争的各污染物的种类、浓度比和各自的吸附特点。

在土壤生态系统中,金属离子间的相互作用发生在三个水平上:①底物水平;②吸收水平;③靶位在三个水平上都存在金属离子之间的位点竞争。第一个水平是指在土壤化学水平上金属离子竞争性吸附的相互作用,导致了金属在固相和水相间的分配,这一过程也改变了金属离子的生物可利用性,使其生物可利用性与联合毒性紧密相连。第二个和第三个水平是金属在生物体吸收和生物体靶位点上的相互作用。

(二)影响酶的活性

通过改变与代谢污染物有关的酶的活性,影响污染物在生物体内的扩散、转化和代谢方式,从而可以影响污染物在生物体内的行为和毒性。酶活性的改变对复合污染物的代谢影响是直接而重要的,其中研究最多的是金属结合蛋白(如 MT)、混合功能氧化酶系和过氧化保护酶系。

(三)干扰正常生理过程

复合污染通过干扰生物体的正常生理活动和改变有关生理生化过程而发生相互作用,如氨基酸、可溶性蛋白的变化。污染物间的相互作用还会影响生物体对特定化合物的转移、转化、代谢等生理过程。

(四)改变细胞结构与功能

复合污染可以引起各种将生物体或有关内含物与外界环境隔离开的生物学屏障在结构和功能上的扰动,从而改变其渗透性及主动、被动转运能力。

如发现有些金属离子可改变细胞膜的渗透性,对植物根系造成显著的损伤,Stewart 等发现 Cu 可改变原生质膜中可溶性部分的渗滤性,从而造成细胞膜的损伤,使得膜体变得很脆弱,重金属更易进入。

(五)螯合(或络合)作用及沉淀作用

螯合(或络合)作用可改变污染物的形态分布和生物有效性,从而直接影响其毒性。自然环境中存在的许多有机无机络合剂如腐植酸、胡敏酸、氨基酸及活性官能团-OH、-NH、-COOH、-SH 等,将影响污染物在环境系统与生物系统中的物理化学行为,从而对其交互作用产生影响。

(六)干扰生物大分子的结构与功能

有毒化学物质通过抑制生物大分子的合成与代谢,干扰基因的扩增和表达,对 DNA 造成损伤或使之断裂并影响其修复,与 DNA 生成化学加合物等途径对生物体形成毒性也是复合污染的重要机制。

六、微生物修复

微生物修复实质上是借助微生物来降解被污染场地土壤中的有机物,由微生物将土壤中的有机物作为食物来源,对其进行分解,最终形成二氧化碳和水。生物修复技术以处理方式进行区分,可以分为异地微生物修复技术和就地微生物修复两种技术。

（一）异地微生物修复技术

简言之,该技术通过挖出污染场地土壤,将其转移到其他地方接触微生物进行处理。如果以泥浆态形式进行处理,则需要把场地土壤和水进行混合,使其成为泥浆状态,随后合理借助微生物修复技术,将土壤中的有毒有机污染物分解成无毒化合物,此类方法在半挥发和非挥发有机物、燃料、PCP、PCBs 等有机化合物的处理方面能达到较好的效果;以固态微生物形式处理,则需要在容器或盒子中放入污染场地土壤,并且将水、微生物及其所需营养物质拌入土壤中,使得微生物最终彻底降解污染场地土壤中的有机污染物。

（二）就地微生物修复技术

该技术是指通过压力设备把氧气和营养物质通过井口压入污染场地土壤中,或者是把营养物质平铺在污染场地的土壤表面,由其自行渗透到土壤中。对于各种油类污染物的处理,此技术能够取得较好的效果。

七、污染场地修复流程

污染场地修复流程如图 1-4 所示。

（一）污染场地调查

1.污染场地分类

根据场地调查的对象可将其分为场地功能属性调查、场地自然属性（包括污染与生物特性）调查、场地污染物特征调查等三部分。

2.调查阶段划分

根据场地调查的时间先后及资料收集深度,可将其分为三个阶段:历史资料调研与现场踏勘、现场初步调查、修复调查阶段。

3.场地功能属性调查

场地的利用方式与功能属性对修复目标的制订与修复技术的选择有重要的影响,同时,制约着场地修复方案和施工过程。

（二）污染特征调查

(1)污染物种类是修复技术选择的基础依据。

①不同污染物的优势技术体系不同,不同污染物可达的修复目标也有差异。

②不同污染物毒性差别较大,导致人体健康风险和场地环境生态风险的差异。

(2)污染物含量决定修复目标的可达性和难易程度。

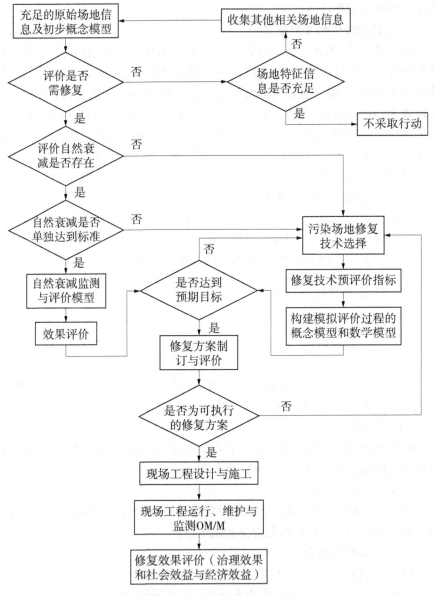

图1-4 污染场地修复流程

①污染物积累可能增强人体和环境毒性。

②加大暴露程度。

(3)污染历史。

①污染历史关系包括污染物场地范围内的迁移、转化等过程。

②污染历史包括中间产物和生态毒性的变化。

③污染场地包括长期污染场地或者突发性即时污染场地。

(三) 污染场地风险水平评估

1.人体健康风险评估

污染场地风险水平的人体健康风险评估是一种科学方法,用于评估人类暴露于污染场地环境中可能面临的健康风险。这项评估通常包括以下几个关键步骤:

(1)暴露评估。评估人类接触到污染场地中污染物的途径、频率和剂量。这可以通过采集环境样品(如土壤、水、空气)以及调查人类活动和行为来实现。

(2)毒性评估。评估污染物对人体健康的毒性效应。这涉及收集有关污染物毒性特性的科学数据,如毒性研究、流行病学研究和毒理学试验数据。

(3)剂量–响应关系建立。建立剂量和健康效应之间的关系。这通常依赖流行病学研究和毒理学数据,可以用于确定不同剂量下可能出现的健康风险。

(4)风险特征描述。根据暴露评估、毒性评估和剂量–响应关系,描述风险的特征,包括潜在健康影响、暴露人群和风险程度。

(5)风险评估。综合考虑暴露和毒性数据,进行定量或定性的风险评估。常用的方法包括基于剂量的评估和概率风险评估。

(6)不确定性分析。评估结果的不确定性,并提供可靠性和置信度的度量。不确定性可能源自数据不足、模型假设、参数估计等因素。

人体健康风险评估的结果通常以风险比(risk quotient,RQ) 或风险值(risk value,RV)等指标来表示。根据评估结果,可以确定是否存在潜在的健康风险,并基于评估结果制订相应的管理措施和风险管控策略。举个例子,如果一个污染场地评估发现土壤中存在有害化学物质,并且人们通过进食和皮肤接触可能暴露于这些物质,那么评估将考虑这些暴露途径以及污染物的毒性特征。通过剂量–响应关系,可以确定在给定剂量下可能的健康效应,如癌症、神经毒性或生殖毒性。根据暴露量和毒性数据,进行风险特征描述和风险评估,得出潜在的健康风险水平。

值得强调的是,污染场地风险评估需要基于充足的科学数据和准确的方法,同时考虑不确定性和变异性。评估结果应该由专业的环境科学家、毒理学家和流行病学家等专业人士进行审查和解释,以确保评估的科学性和可靠性。

2.生态风险评价

污染场地风险水平的生态风险评价是对受污染场地所带来的生态系统和生物多样性的潜在风险进行评估和量化的过程。这种评价是通过系统的、科学的方法来分析和预测污染物对生态系统的影响,旨在保护生态环境并制订相应的治理和修复策略。生态风险评价通常包括以下几个关键步骤:

(1)风险识别。首先需要明确受污染场地中存在的潜在风险物质,例如有毒物质、重金属等。通过场地调查和采样分析,确定存在的污染物种类和浓度。

(2)风险特征描述。对污染物的生物学效应、迁移途径和累积过程进行描述和分析,确定其在环境中的行为和转化特征。

(3)风险评估。基于对污染物的特性和环境参数,定量评估污染物对生态系统的潜在影响。常用的方法包括环境质量标准比较、生态剂量响应模型和生态系统风险指数等。

(4)风险管理。根据评估结果,制订相应的风险管理措施和修复方案。这可能涉及土壤修复、生物修复、污染物限制排放等方法,以减少或消除生态风险。

在实际应用中,生态风险评价需要考虑到受影响的生态系统的特征和敏感性。例如,不同类型的生境(湿地、森林等)和生物(植物、动物等)对污染物的反应不同,因此需要对不同生境和生物进行适当的敏感性分析。举例来说,针对受污染的湿地生态系统,生态风险评价可能包括测定有毒物质对湿地植物和动物的毒性效应,研究污染物在湿地土壤和水体中的迁移途径,分析湿地植被和水生生物的生态剂量响应关系,并评估污染物对湿地生态系统稳定性和功能的潜在影响。

总之,生态风险评价在污染场地管理和环境保护中起着重要作用。通过科学的方法,可以评估和量化污染场地对生态系统的潜在风险,为决策者提供科学依据,以保护生态环境并制定可持续的管理策略。

(四)修复目标确定

1.修复目标种类

1)基于背景值/标准值修复目标

(1)适用于因场地长期规划使未来无法进一步修复或场地面积较小的情况。

(2)是最彻底、要求最高的修复目标。

(3)不适用情况:①污染物未列入基准值/标准值小清单;②必须考虑特

定场地详细信息;③公众健康、案例及对环境的潜在风险不能有效量化。

(4)存在的问题:①不考虑场地的功能与属性,使场地修复目标和费用过高;②技术水平与目标可达性不匹配;③污染场地的各介质环境质量背景值/标准值难以确认。

2)基于风险评价修复目标的适用情况

(1)缺乏相关介质的国家标准,或场地难以获得与标准相关的数据资料。

(2)场地条件、污染受体和/或暴露途径不符合制定标准的前提条件。

(3)必须考虑生态问题的情况(如场地栖居有濒危或敏感的野生动植物、稀有或濒危物种)。

(4)数据信息有严重缺失(如缺少目标污染物的相关信息;暴露途径或某种污染物的污染特性无法预测或确定;风险水平不确定等)。

2.特定场地修复目标

(1)这一修复目标适用于不能用背景值或风险评价确定合理修复目标的场地,对于场地条件不满足进行风险评价的假设前提,场地某种环境介质中含有某种或某些特殊污染物,无标准限定,场地环境介质复杂的污染场地,可采用此种方法制定修复目标。

(2)这一修复目标的前提是特定场地的划分与确定,我国特定场地的划分并不明确,特定场地的修复目标与要求也未成体系,因此特定场地的修复目标在中国现阶段的污染场地修复中难以有针对性的实施。

(五)修复技术选择及其依据

1.修复目标的确定

我国在进行污染场地修复时,应在完善污染场地风险评价的基础上,以基于风险评价的修复基准作为修复目标,以经济、有效的修复技术对污染场地进行修复,以达到场地功能的实施与应用。

2.修复技术选择

(1)污染场地修复核心。

(2)欧美等国家已经初步建立了较为系统的修复技术体系,积累了大量的现场经验。而与欧美国家相比,我国的污染场地修复技术体系正处在初步阶段。

3.修复技术选择依据

(1)技术有效性。

①短期有效性:修复工程建设以及实施阶段对施工人员的劳动安全保障及对周围人群的保护。

②长期有效性:修复技术能够达到行动目标并具有长期效果的能力或潜力。

③污染物毒性、迁移性、浓度/量的降低或减弱。

(2)制度可操作性。

(3)修复工程周期。

(4)公众可接受度。

(5)资金投入。

第四节　微生物修复过程的评价

同任何处理技术一样,微生物修复工程运行得好与坏需要评价。那么,什么样的处理是成功的处理,在这些问题上常引发一些争论,其原因是多方面的。首先,评价一个微生物修复技术项目需要生物修复的知识。其次,处理点的复杂性和特异性也使评价标准无法相对统一。因此,在清洁的程度上、价格制定上及技术检验上,监管部门、客户及研究检验的技术部门要达成一致意见存在难度。监管部门注重微生物修复技术应满足的清洁标准;客户希望以尽可能低的清洁成本获得尽可能好的处理效果,即物美价廉;研究者和清洁公司更加注重污染物清洁中微生物作用与功能的取证,即污染物经过的并不是简单的挥发或迁移过程,而是生物降解过程。

要表明微生物修复项目是否仍在进行之中,需要证据来加以证明。不仅要证明污染物的浓度正在减少,还要证明污染物的减少是由于微生物的作用。虽然在微生物修复过程中,其他过程可能对场地的清洁有贡献,但是在满足清洁目标过程中,微生物应当是最主要的贡献者。如果没有证据证明微生物的主要作用,就没有办法证明污染物的去除是否来自于非微生物,如挥发、迁移到现场以外的某一地点、吸附到亚表层固体表面,或通过化学反应改变形态等。为此,以充分的证据来表明微生物是减少污染物浓度的主体,是微生物修复的重要一环。

首先要证明污染物的去除是微生物修复过程。由于混合污染物的复杂性、修复现场水力学与化学特性的不同及有机化合物被降解的非生物竞争机制等,微生物修复的证据并不明确,而且很多诸如上述因素都对确定微生物修复过程提出挑战。实际规模的微生物修复项目与实验室规模的研究项目性质完全不同。在实验室研究中的各种条件都是可控制的,且干扰因素极少,很容易对测定结果做出解释。但是,在现场作业中,对很多因果关系的解释远不及实验室条件下简单。

事实上,完全肯定地证明微生物参与清洁过程具有一定的难度,但是能证明微生物是污染清洁过程的主要参与者的证据有很多。一般来说,污染土壤微生物修复的评价方法应包括以下三个方面的内容:①记录微生物修复过程中污染物的减少;②以试验结果表明现场污染环境中的微生物具有转化污染物的能力;③用一个或多个例证表明试验条件下被证明的微生物降解潜力在污染场地条件下是否仍然存在。这个方法不仅适合现场规模微生物修复项目的评价,也适合对拟采取微生物修复技术进行污染处理项目的评估。为了证明项目的设计符合微生物修复标准与要求,每个微生物修复项目都应满足上述三点要求。管理者和使用者也可以利用以上三点检验所提交的和正在进行的微生物修复项目的质量和满意程度。

检验污染物的微生物降解率需要进行现场采样(水样和土壤样品)。为了说明微生物的降解潜力也需要从现场采样,然后进行实验室条件下的微生物培养,通过试验所得的结果表明微生物的污染降解能力。还有一种做法是进行文献资料的归纳和研究。当已有很多对某类污染物微生物易降解性的文献时,可不必再进行试验研究,直接参照相关文献也是一种有效的方法。

研究表明,试验条件下微生物具有对污染物的降解能力,不能说明它们在现场条件下也具有同样能力。因此,从这个意义上说,收集上述第③点的证据,即在试验条件下被证明的微生物降解潜力是否在污染场地条件下仍然存在比较困难,因为试验条件往往比现场条件优越。为了证明这一点,可进行现场示范微生物修复试验。

有两种技术用于现场微生物修复的监测,即样品测定和进行试验运行。但模型法更有助于对污染物归宿的进一步理解。更为详细的试验方案取决于多组因素,如污染物、场地地质特征及评价要求的严格水平等,因此需进一步研究。

一、样品测定

微生物修复过程中通常涉及现场采样(水、土)及样品的实验室分析(化学和微生物分析)等问题。当微生物修复不再继续进行时,要对微生物修复技术的处理效果进行比较评价,方法一般分两种。一种是选择对照点进行采样分析,以此作为微生物修复技术评价的参照点。对照点选择的标准是:①具有与处理点类似的水力地质条件特征;②未受污染或不受微生物修复系统影响的地带。另一种是以微生物修复系统开始运行前样品的分析结果作为对照,以此作为微生物修复技术修复效果评价的参照值,然后将微生物修复过程各个时段采集样品的分析结果与运行前的结果作比较,考察系统运行的动态状况。第二种方法只适用于工程微生物修复系统,因为对一个自然微生物修复系统来说,系统的起始运行时间从污染物进入系统那一刻算起,由于很难计算污染物什么时候进入系统,所以这一时刻只是一个相对值。

二、细菌总数

当进行污染物代谢时,微生物通常会再生。一般来说,活性微生物的数量越大,污染物降解的速度越快。污染物的减少与降解细菌总数的增加呈显著负相关关系。通过分析样品的细菌总数可以为微生物修复的活性提供指示作用。当污染物的微生物降解率下降时,如当污染物浓度水平较低时或介质中已没有微生物可降解的组分时,细菌总数与背景水平无显著差别。这一结果表明,细菌总数没有大的增加并不意味着微生物修复的失败,很可能表明微生物修复进展到了一定的阶段。

细菌种群测定的第一步是采样。原则上最好的样品包括团体基质(土壤和支撑地下水的岩石)及与之相连的孔隙水。因为多数微生物被吸着在固体表面或在土壤颗粒的间隙中,如果只采集水样,通常会低估细菌总数,有时测得的值与实际值会相差几个数量级。此外,仅凭借采集水样得出的结果还会给出微生物分布类型的错误结果,因为水样可能只含有容易从表面移动或在运动的地下水中迁移的细菌。从地表采样并不困难,但从土壤的亚表层采样既耗时且费用也高。亚表层采样通常采用钻孔采样。在采集亚表层样品时,尤其需要防止采样过程和处理样品过程中的微生物污染。因此,采样器应事先进行灭菌处理。此外,应避免采样过程中的空气污染、土壤污染和人为接触污染。采集地下水样品进行细菌数量分析有很大缺陷,但是它可作为了解微生物数量的半定量指标。多数情况下,地下水中微生物数量的增加与土壤亚表层细菌数量的增加呈正相关关系。地下水采样的主要优点是容易重复取样,采样费用低廉。细菌种群测定的第二步是细菌总数分析。已知技术有若干种(如微生物直接计数法、INT活性试验法、平板计数法、MPN技术、脱氧聚核苷酸探针、脂肪酸分析),包括标准方法和快速分析法,虽然各有其优点、缺点,但都可以使用。

三、原生动物数

原生动物(Protozoa)是所有主要生态系统的重要组成部分。因此,其动力学和群落结构特征使其成为生物与非生物环境变化的强有力的指示者。事实上,自20世纪初以来,原生动物已作为各种淡水生态系统的指示生物被广泛应用。

原生动物捕食细菌,所以原生动物数量的增加表明细菌总数的增加。因此,原生动物种群数量增长所伴随的污染物量的减少这一结果可为生物修复提供有效佐证。MPN技术可进行原生动物计数。其方法与细菌计数类似。运用原生动物MPN技术需要对土壤或水样进行稀释。通过显微镜观察所得到的结果,可以确定细菌是否被这些原生动物捕食。

原生动物具有精致的且能快速生长的表膜,能够比其他的生物体更快地对外界环境做出反应,因此可以作为早期的预警系统,是生物测定极好的工具。传统上,土壤原生动物分为裸变形虫、变形虫、鞭毛三虫、纤毛虫和孢子虫。它们是监测土壤污染或土壤修复的极好工具。

四、细菌活性率

细菌活性增加通常表明生物修复正在进行细菌活性,是一个关键信号。对生物修复成功判定的一个重要指标是潜在生物转化率。当潜在生物转化率足够大时,表明系统能迅速去除污染物或防止污染物的迁移。细菌活性越大,说明潜在生物转化率越高,这一结果可为生物修复的成功运行提供证据。

评价生物降解率(biodegradation rate)的最直接的手段是建立与环境条件尽可能一致的实验室微宇宙。微宇宙方法对评价降解率十分有效。这是因为基质的浓度和环境条件都可以人为加以控制,在微宇宙中很容易测得污染物的丢失,可以在微宇宙用′C标记方法示踪污染物及其他生物降解物的行为与归宿。通过比较微宇宙各种变化的条件下污染物的降解率,可以预测场地环境条件下污染物降解速率,但是在微宇宙的控制条件下监测的降解率结果通常比现场测定值低。

五、细菌的适应性

污染点的细菌经过一段时间驯化后,能产生代谢污染物的能力,其结果是使原本在溢漏时不能够转化的或转化率非常低的污染物被代谢降解。这一特性被称为代谢适应性,它为现场的污染生物修复提供了可能。适应性可以导致能够代谢污染物的细菌总数增加,或个体细菌遗传性或生理特性发生改变。

微宇宙研究非常适合对适合性的评价。在微宇宙试验中,微生物转化污染物比例的增加这一事实证明微生物对环境存在适应性,进而证明生物修复在正常运行。为了验证降解率是否增加,有两种比较方法:一种方法是将生物修复现场采集的样品与邻近地段的样品做比较;另一种方法是将生物修复处理前后的样品做比较。然而,有时将微宇宙中的结果外推到野外现场中时,往往存在很大的不确定性。影响生物修复的有关化学、物理和生物相互作用关系的平衡随外界环境的扰动可能迅速发生改变,如氧的浓度、pH 和营养物的浓度等。研究表明,由于实验室的结果存在人为干预,野外分离出来微生物的实验室行为在性质上和数量上都已经完全不同于野外条件下的情况。这些因素进一步影响了对现场条件下所得结果的解释。

借鉴分子生物学进行方法开发可提供新的试验手段。这些新的试验手段可以对某些污染物细菌降解的适应性进行跟踪。例如,可以构建专门用来示踪降解基因的基因探针,至少在原理上可以测定基因是否存在于一个混合的群落之中。但是,以这种方法使用基因探针需要研究者具有降解基因的 DNA 序列知识。当普通的工程微生物被用于进行生物修复时,可以给工程微生物加上一个报道基因,当降解基因被表达时,这个基因也得到相应的表达。于是,基因蛋白质产物发出信号(如发射光),并在原位种群中得到表达。

六、无机碳浓度

降解有机污染物时,除需要更多微生物外,在降解过程中细菌会产生无机碳,通常为气态二氧化碳、溶解态二氧化碳或 HCO。因此,当样品中含有丰富的水和无机碳气体时,表明系统存在生物降解活性。气态二氧化碳浓度可以用气相色谱法检测,水样中的二氧化碳可进行无机碳分析。但通过检测二氧化碳浓度的变化来判断降解活动,有时也不精确。例如,当二氧化碳的背景浓度高或样品中含有石灰质矿物质时,往往可掩盖呼吸产生的无机碳。这种情况可采用稳定同位素分析方法来鉴别细菌产生的无机碳与矿化产生的无机碳。

确定样品中的二氧化碳和其他无机碳是污染物生物降解的最终产物,还是来自于其他方面,较为有效的方法是进行碳的同位素分析。正如所知,大多数碳都是以同位素"C 的形式存在(原子核中有 6 个质子和 6 个中子),但是有些碳以同位素"C 的形式存在(原子核中有 6 个质子和 7 个中子)。它的质量略大于同位素"C。在一个样品中"C/"C 的值是个变量,其变化程度取决于碳的来源,如污染物的生物降解、有机质的生物降解与矿物质的溶解。

有机污染物与矿溶解过程中产生的"C/"C 的值有本质的不同。这一现象十分普遍。因为矿物质中的无机碳含有更多的"C。虽然当有机污染物被降解为二氧化碳时，$^{13}C/^{12}C$ 的值会发生一些变化，但多数有机污染物产生的无机碳中含有更为丰富的 ^{12}C，于是现场采样中样品的 $^{13}C/^{12}C$ 值低于矿物质矿化的 $^{13}C/^{12}C$ 值。如果测定结果与此相符，说明产生的碳来自于污染物的生物降解。

七、微生物修复法的优点

(1)原位微生物法可以在现场进行，节省很多治理费用。

(2)环境影响小，是自然过程的强化，最终产物不会形成二次污染。

(3)能够最大限度地降低污染物的浓度。

(4)原地治理的方式对污染位点的干扰及破坏达到最低程度。

(5)可同时处理土壤和地下水。

(6)环保经济，具有广泛的应用前景。

八、微生物修复法的缺点

(1)原位修复法条件苛刻，耗时长。

(2)并非所有进入环境的污染物都能被生物利用。

(3)特定的生物一般只能吸收、利用、降解、转化特定类型的化学物质。

(4)异位修复法仅适用于小范围的污染治理。

(5)是一项复杂的系统工程。

九、应用实例

(1)20 世纪 80 年代初，约有 106 t 汽油泄漏进入纽约长岛汽车站附近的土壤和地下水中，有相当一部分汽油残留于土壤中。1985 年 4 月开始在该地以双氧水为供氧体进行生物修复处理。在 21 个月中，生物作用去除的汽油量占总去除量的 72%，修复后的土壤汽油含量低于检测限。

(2)美国有一块 28 000 m^2 的土地，堆放石油废弃物已有多年，以致土壤中含有 10 种金属和 20 多种有机物。经微生物修复后，土壤中总挥发性有机物浓度从 3 400 mg/L 降为 150 mg/L，苯从 300 mg/L 降为 12 mg/L，氯乙烯从 600 mg/L 降为 17 mg/L。整个生物修复工程耗资 0.47 亿美元，若采用其他技术，估计耗资 0.63 亿~1.67 亿美元。

十、安全性评价

(一)石油污染微生物修复的生物安全性评价

用于污染治理的微生物对生态环境必须是安全的，因此生物安全性评价是微生物应用于石油污染治理实践的先决条件。石油污染土壤直接影响植物及微生物,因此其微生物修复的生物安全性应从植物和微生物两个方面进行。

(二)对植物生物的安全性评价方法

1.微生物直接投放法

向石油污染地的土壤中投放驯化的微生物,降解土壤中石油组分,对比分析降解前后植物生长态势参数(发芽率、株高、鲜重、干重、根际重量、根际状况、叶绿素含量、光合速率等),对其安全性进行评价。这是一种直观有效的方法。

2.微生物降解产物投放法

在实验室中完成微生物对石油的降解过程并制备降解产物,再按一定比例加入土壤中,栽种植物后测定植物生长态势,对其生物安全性进行评价。受试植物应当对石油有较强的耐受性,能适应石油污染地的环境,易于检测各项生理指标,且尽量选用一年生草本植物。与微生物投放法相比,石油降解产物的试验条件更易于控制,操作性强,误差小,结果重现性好,是前期安全性评价的理想方法。

(三)对微生物的安全性评价方法

1.微生物直接投放法

方法与植物相似,检测降解前后石油污染土壤中微生物种群数量及结构,与正常土壤对比,可获得生物安全性信息。微生物种群结构分析可采用以下方案:

(1)高通量测序法。对微生物宏基因组进行分析,获得修复前后微生物种群结构及相对数量。这是最理想的方案,但操作复杂、技术要求高、分析成本高,不易普及。

(2)定量 PCR 法。首先选择部分有代表性菌株,设计并合成相应定量 PCR 引物,然后提取土壤总 DNA,应用定量 PCR 法检测标志性菌株的相对数量变化。该方法专业性强、误差较大,且对提取的 DNA 质量有较高要求。

(3)脂肪酸分析法。这是一种经典的基于 GC-MS 技术的微生物种群结构分析方法,要求有相应的大型分析 GC-MS 仪器。

(4)梯度稀释-平板计数法。这也是一种常用的微生物数量分析方法,缺点是只能对土壤中可培养微生物总数进行测定,难以对微生物种群进行划分。

2.微生物降解产物投放法

可以采用微生物种群结构分析(方法同上),也可以应用发光杆菌对其生物毒性直接进行分析。后者是将石油降解产物加入发光杆菌培养液中,毒性物质的存在将导致发光杆菌的发光效率降低,通过测定一定时间内二发光强度变化即可对待测物质的生物毒性进行分析。该方法是一种直观、可靠的生物毒性检测技术,目前已经广泛应用于多种毒性物质的生物安全性分析。

十一、污染土壤的修复现场的调查与评价

开展污染土壤修复之前需要对修复现场进行调查与评价,包括污染物特性、现场环境、土壤生物过程、修复过程与控制的调查和评价等方面,以确定土壤修复的适应性,污染物特性的调查与评价需基本弄清污染物的性质、污染物的浓度和分布、污染物迁移时间,预测化学品注入土壤后的化学反应等情况。现场环境的调查与评价需弄清地下水的地质概况、水文概况和水力条件、氧化-还原电位等。土壤生物过程的调查与评价需弄清微生物可利用的碳源和能源、可利用的受体和氧化还原条件、现有的微生物活性、可能的毒性和营养物的有效性等。修复过程与控制的调查与评价需弄清流体的流向和流速,评价含水层导水率变化流体的流向、污染物迁移时间、养分迁移、捕获百分率和确定运行中注入速率或回收速率等。

通过污染土壤修复现场的调查与评价可以获得足够的数据,便于工程设计。现场调查的目的一是收集使土壤修复过程最优化的信息,二是收集控制环境条件使之维持最佳条件的信息。因此,第一阶段是收集有关修复原理的数据,第二阶段是收集有关工程设计和过程控制等数据。调查分析的目的是收集和综合评价与土壤修复过程及工程设计相关联的环境信息。

污染物毒性下降率 = (原有毒性水平 - 现有毒性水平)/原有毒性水平 × 100%

过程控制评价生物修复的进展,其主要评价参数指标有:①水文地质特性是否改变;②污染物迁移特性是否改变;③标识物试验提供的生物修复时迁移特性等第一手资料;④经济效果评价包括修复的一次性基建投资与服役期的运行成本。

十二、我国土壤修复工程展望

在我国,出现最严重的问题是指注重经济发展和城市化发展以及土地出让的利润,对于工业化和城市化发展带来的影响却没有注意,如土壤污染给人们的健康带来影响。如图1-5所示的是造成环境污染的各个因素的趋势。

在实际运作中,污染土地的开发商和当地居民对于被污染土壤产生的危害意识不够强,缺乏保护环境的专业知识,并缺乏足够的方法和资源来调查和参与相关事务。近几年,随着环境的不断恶化,土壤污染的严重化,环境问题

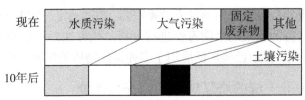

图 1-5　造成环境污染的各个因素的趋势

才得到公众的关注,公众改善环境的意识不断地提高,伴随着我国对环境保护的相关法律法规的出台,对土壤的保护才有所成效。

根据土壤修复行业的周期论,我国的土壤修复行业正处于初级阶段(见图 1-6)。随着我国土壤修复技术的不断发展,政府对相关制度的不断完善,在未来 10 年,将会迎来土壤修复行业的快速发展;我国的土壤修复行业在未来 10 年可能将会进入一个崭新的阶段:从房地产开发驱动阶段逐渐向法律驱动或政府引导为主的阶段过渡。

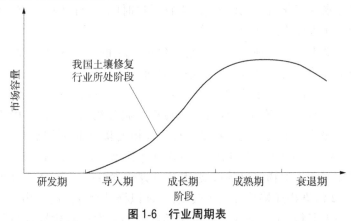

图 1-6　行业周期表

随着"土十条"的出台,按照国务院的要求,将对重金属严重污染的区域、投入治理资金的数量、治理的具体措施等多项内容,按照土壤管理和综合防治的重要规划,将土壤分为农业用地和建设用地,并对其进一步监管治理和保护,防止土壤进一步恶化。根据专业人员的分析,从长期考量中,"土十条"所带动的筹集资源,大规模占据市场。

我国在设定修复目标方面,需要借鉴国外的经验和教训。有许多经典的案例,如美国对土壤的修复计划付出了高昂的代价;在荷兰,要求污染的土壤环境质量全部达标,但是在实际的操作中,非常困难,而且成本很高。国外的经验告诉我们,在土壤修复方面,既要满足现状,也要节省费用,不可盲目地对土壤进行揣测,或者要求污染的土壤达到指标的质量,这种要求本身就不接近现状。我们对于土壤污染进行"基于风险的管理",这种风险管理修复的工作量小,而且可以显著地节约修复的开支。

目前,我国污染面积较大,类型众多,对于污染场地的划分尤为重要,在吸取国外经验的基础上,推出了我国土壤污染修复的展望,具体如下:

(1)场地经过污染调查与评估,在保证人体健康、环境安全的前提下,修复基金将被优先分配给社会和环境危害最严重的场地。

(2)在借鉴国际先进的技术和设备上,要着重推进技术、设备、药剂材料的国产化。

(3)根据我国土壤的类型、条件和场地污染的特殊性,建立土壤污染的修复技术体系,以推动土壤环境修复技术的市场化和产业化发展。

(4)我国应结合本国污染土地的实际情况,建立类似的污染土地风险评估等级系统。

第五节　典型污染物的生物修复技术

一、生物修复技术概述

生物修复技术是 20 世纪 80 年代以来出现和发展的清除和治理环境污染的生物工程技术,其主要利用生物特有的分解有毒有害物质的能力,去除污染环境如土壤中的污染物,达到清除环境污染的目的。在该技术的萌芽阶段,主要应用于环境中石油烃污染的治理,并取得了成功。实践结果表明,生物修复技术是可行的、有效的和优越的,此后该技术被不断扩大应用于环境中其他污染类型的治理。欧洲各国如德国、丹麦、荷兰对生物修复技术非常重视,全欧洲从事该项技术的研究机构和商业公司近百个,他们的研究证明,利用微生物分解有毒有害物质的生物修复技术是治理大面积污染区域的一种有价值的方法。美国国家环保局、国防部、能源部都积极推进生物修复技术的研究和应用。美国的一些州也对生物修复技术持积极态度,如新泽西州、威斯康星州规定将该技术列为净化受储油罐泄漏污染土壤治理的方法之一。美国能源部制订了 20 世纪 90 年代土壤和地下水的生物修复计划,并组织了一个由联邦政府、学术和实业界人员组成的"生物修复行动委员会",来负责生物修复技术的研究和具体应用实施。生物修复是采用诸如提高通气效率、补充营养(对石油污染而言,主要是补充 N、P),投加优良菌种、改善环境条件等办法来提高微生物的代谢作用和降解活性水平,以促进对污染物的降解速度,从而达到治理环境污染的目的。生物修复技术最成功的例子是 Jon E.Llidstrom 等在1990 年夏到 1991 年应用投加营养和高效降解菌对阿拉斯加 Exxon Valdez 王子海湾由于油轮泄漏造成的污染进行的处理,取得了非常明显的效果,使得近百公里海岸的环境质量得到明显改善。生物修复起源于有机污染的治理,最初的生物修复是从微生物利用开始的。人类利用微生物制作发酵食品已经有几千年的历史,利用好氧或厌氧微生物处理污水已有 100 多年的历史,但利用生物修复技术处理现场有机物才有 30 年的历史。首次记录实际使用生物修复是在 1972 年,应用于美国宾夕法尼亚州的 Ambler 清除管线泄漏的汽油。最初,生物修复的应用范围仅限于试验阶段,直到 1989 年美国阿拉斯加海域受到大面积石油污染以后,才首次大规模应用生物修复技术。随着近年来生物修复技术的飞速发展,生物修复的内涵也越来越丰富。除传统的生物修复外,还发展了真菌修复及生态修复。

(一)生物修复的优点

生物修复是目前国际上公认的最安全的方法,具有如下优点:

(1)高效性。有机污染物在自然界各种因素(如光解、水解等)作用下会降解,但速度相对缓慢,而生物修复的作用就是可以加速其降解,因而具有高效性的特点。

(2)安全性。多数情况下,生物修复是自然作用过程的强化,生成的最终产物是 CO_2、水和脂肪酸等,不会导致二次污染或污染物的转移,能将污染物彻底去除,使土壤的破坏和污染物的暴露降低到最低程度。

(3)成本低。生物修复是所有修复技术中费用最低的,其成本为焚烧处理的 $1/4\sim1/3$。

(4)应用范围广。生物修复能同时修复土壤和地下水的污染,特别是在其他技术难以应用的场地,如建筑物或公路下方,利用生物修复技术也能顺利进行。

(二)生物修复的局限

有机污染物的生物修复起步较晚,目前还存在以下不足:

(1)受污染物种类和浓度的限制。

(2)受环境条件制约。温度、湿度、pH 及营养状况也影响生物的生存,从而影响生物降解。

(3)负作用。生物修复过程中使用的微生物可能会使地下水污染,也可能会引起植物病害,繁殖过量时会堵塞土壤的毛细孔,影响植物对土壤水分的吸收等;被降解的污染物生成的代谢产物的可能毒性、迁移性及生物可利用性等可能会加强,从而造成新的污染。

(三)生物修复技术

生物修复技术是指利用生物的新陈代谢对有机污染物及氮、磷营养物质的同化作用来改善环境的治理技术。将低浓度污染物进行富集转化,达到治理污染的目的。常见技术包括固定化细菌技术、河道内曝气结合高效微生物处理修复技术、生态浮床技术、卵石床生物膜技术、稳定塘技术、生物过滤技术、土地处理技术、人工湿地技术等。生物修复技术是一种常用的水环境治理技术,其种类有植物修复技术、微生物修复技术、动物修复技术。

1.植物修复技术

植物修复技术是直接利用绿色植物及与其共存的微生物系统来吸收、富集环境污染物的一项新技术。重金属对植物的毒害作用表现在影响植物的萌芽、生长发育、光合作用、生理代谢和植物体内化学物质含量的改变等方面。近年来的研究表明,植物修复是一种更经济、更易于操作的污染修复技术,用超富集植物修复重金属污染土壤的类型主要有植物吸收、植物挥发和植物稳定3种。植物吸收指利用超富集植物的根系从污染土壤中吸收重金属,然后将其转移到植物地上部,最终达到去除重金属的目的;植物挥发是指植物将自身吸收与积累的重金属元素转化成可挥发的形态,从植物体挥发出来,达到去除重金属的目的;植物稳定是指利用植物来降低重金属的活性,减少其生物有效性,或促进其转化为低毒形态,降低其危害性。有学者认为,在受重金属污染的土地上种植超富集植物,利用植物自身的新陈代谢活动,可把重金属转化为具有较低毒性的形态。目前,植物修复已取得了很好的修复效果,如有学者通过在污染区种植水生植物凤眼莲,结果显示,其对 Hg、Pb、Cd、Cu、As 和 Cr 的富集程度达到了当地环境中重金属浓度的几十、几百倍,还有部分富集程度甚至达到环境浓度的上千倍。有学者通过引进印度芥菜,研究了该植物对 Cu、Zn、Cd、Pb 等重金属的富集效果,结果表明,当土壤中含 Cu 250 mg/kg、Pb 或 Zn 500 mg/kg 时,该植物依然能够正常生长,而当土壤中 Cd 浓度达到 200 mg/kg 时,该植物便会出现失绿黄化症状,而当 Cd 和中等浓度的 Zn、Cu、Pb 共存时,植物中毒更为严重,最终表明该植物适用于 Zn、Cu、Pb 中等污染土壤的修复。研究发现,有 700 多种超积累重金属植物,对 Cr、Co、Ni、Cu、Pb 的积累量一般在 1 000 mg/kg 以上。微生物修复技术是利用自然环境中现有的微生物或经人为培养,并具有特殊功效的微生物的生命代谢活动,通过转化或降解环境中的重金属来降低其毒性,达到良好的修复效果。

2.微生物修复技术

微生物修复在生物修复中起着主导作用,利用其新陈代谢活动来对物质进行各种转化作用。有学者认为,微生物修复主要通过2种机制来达到修复效果,第一是通过微生物代谢产物或反应使污染地中重金属元素发生形态改变,从而达到降低重金属毒性的目的;第二是利用微生物代谢活动改变其价态,使重金属元素成为一种易溶物,然后从土壤中滤除,实现修复的目的。目前,微生物修复技术取得了很大成效,例如,有外国学者曾从受重金属污染的污泥中分离、筛选出多种微生物,并对其进行培养,发现其中有一种微生物对Cd有极高的耐受性,并利用其修复受污染的土壤,其对环境中Cd的去除率达到了63%~70%。微生物修复技术不仅能去除污染土壤中的有害物质,还能提高污染地区的土壤肥力,改善土壤结构。有学者曾研究过微生物对矿区复垦的作用,对于受重金属污染的矿区土壤,其含有一些难降解的腐殖质,腐殖质会影响土壤团粒结构的形成,土壤的疏松度也会受到影响,而通过微生物修复,利用多种土壤微生物共同降解这些腐殖质,积累土壤有机质,可起到改善土壤结构、提高土壤肥力的作用。有学者对微生物复垦技术进行了研究,认为微生物修复在矿区土壤结构改善、养分增加和酶活性提高方面都有潜在的巨大作用(见图1-7)。

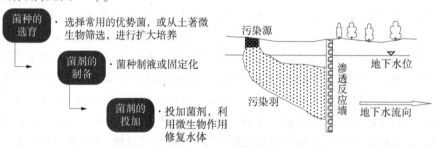

图1-7　微生物修复过程

3.动物修复技术

动物修复技术即利用土壤中自身存在的动物及其肠道中现有的微生物,在自然条件或人为优化下,在其生长、繁殖、穿插等代谢活动过程中,对污染物进行去除、分解、消解和富集作用,以减少或消除污染物的一种生物修复技术。有学者对生活在重金属污染区土壤中的蚯蚓和蜘蛛进行体内重金属含量的检测分析,结果显示,蚯蚓、蜘蛛对重金属元素有很强的富集能力,其体内的Cd、

Pb、As 等重金属含量与污染区土壤中重金属的含量呈明显的正相关关系;有学者在研究采矿废物对土壤原生动物的影响时发现,腐生波豆虫和梅氏扁豆虫对 Pb 有很高的富集作用。

4.案例

不曾想到,位于伦敦的奥林匹克主体育场"伦敦碗"曾是当地污染最为严重的垃圾填埋场。为了净化这片"毒地",伦敦奥组委搬来五台装满各种微生物的土壤清洗机,有毒土壤被放置在这些大家伙的"肚子"里经过微生物的降解排毒,一段时间后又可以被重新利用。"这种利用微生物技术修复土壤的方法,最大的优势就是环境友好、安全生态,不会造成二次污染"中国科学院生态环境研究中心研究员说。

二、土壤污染的生物修复

现代农业的发展改变了自然界的原有状况,为追求高产而大量使用化肥、农药导致土壤有机物污染日趋严重。此外,工业生产、石油开采、交通运输、畜禽养殖及居民生活等也产生了大量有机污染物,使土壤有机物污染进一步加剧,土壤有机物污染的修复日益迫切。土壤污染修复是指通过物理的、化学的和生物的方法,吸收、降解、转移和转化土壤中的污染物,使污染物浓度降低到可以接受的水平,或将有毒有害的污染物转化为无害物质的过程。土壤污染修复包括污染土壤的物理修复技术、化学修复技术及生物修复技术 3 种方式。在污染土壤修复技术中,生物修复技术因其安全、无二次污染及修复成本低等优点而受到越来越多的关注。因污染物修复主体的不同,有机污染物污染土壤生物修复技术可分为植物修复技术、动物修复技术、微生物修复技术及联合修复技术。同物理修复和化学修复方法相比,生物修复具有可基本保持土壤理化性质、污染物降解彻底、处理费用较低和应用广泛、不易产生二次污染、适用于大面积土壤污染的修复等特点。生物修复由于具有低耗、高效、环境安全及纯生态过程的显著优点,成为土壤环境修复最活跃的研究领域。

土壤污染微生物修复技术是土壤污染生物修复的重要技术之一。微生物是土壤生态系统的重要生命体,它不仅可以指示污染土壤的生态系统稳定性,而且还有巨大的潜在环境污染修复功能。微生物能以有机污染物为唯一碳源和能源或与其他有机物进行共代谢而将有机污染物降解。在此基础上,便出现了污染土壤的微生物修复理论及技术。微生物修复是指利用天然存在的或所培养的功能微生物,在人为优化的适宜条件下,促进微生物代谢功能,从而达到降低有毒污染物活性或将其降解成无毒物质而达到修复受污染环境的技术。通常一种微生物能降解多种有机污染物,如假单胞杆菌可降解 DDT、艾氏剂、毒杀酚和敌敌畏等。此外,微生物可通过改变土壤的理化性质而降低有机污染物的有效性,从而间接起到修复污染土壤的目的。有机污染物被微生物降解主要依靠两种方式:一是利用微生物分泌的胞外酶降解;二是污染物被微生物吸收到细胞内,由胞内酶降解。吸收污染物的方式主要有被动扩散、促进扩散、主动运输、基团转位及胞饮作用等。

土壤污染的植物修复通常与植物根际微生物紧密相关,根际微生物群落变化与土壤污染物在根际环境中的动态,可能是对土壤污染成功进行植物修复的基本过程。由于植物根系分泌作用的存在致使其 pH、Eh、微生物等组成一个有异于非根际的特殊生境,根系分泌、根际微生物间存在着复杂的相互关系。^{14}C 连续标记植物与密闭根−土壤系统研究表明,植物光合产物的 40% 以上通过根释放到土壤,称为根际沉降(rhizodeposition),供相关的生物群的代谢利用,包括自由生活的微生物及其与植物共生的根瘤菌与菌根真菌。早已证明,根系分泌物会影响土壤中微生物的数量及群落组成,群落特征也随着根系分泌物的类型而变化。根际环境中的细菌密度比非根际土壤通常大 2~4 个数量级,并表现出范围更广泛的代谢活性。土壤中微生物的活性及其生物量增长受到底物的限制,特别是碳源,根际环境中碳源的输入明显增加了微生物的活性。通过模拟根系分泌物组成成分进行碳源添加试验,测定微生物群落的 DNA 分子杂交、(G+C)比例、膜脂。结果表明,微生物群落结构及活性与碳源存在明显的相关性。有学者研究了以根系分泌物中的有机物为唯一碳源培养土壤微生物,对 3 种不同植被类型 9 个取样点的土壤样品研究结果表明,根系分泌物对土壤微生物具有一定的选择性。Kozdroj 等的研究结果表明,植物根系分泌物明显影响根际微生物群落结构,根系分泌物中的有机成分是引起根际新的细菌群落发展的潜在机制。以植物为基础的土壤污染生物修复通常是由于与植物根际紧密相连的微生物的作用,这种依赖根际的变化而使土壤中微生物群落发生变化,可能是对土壤污染成功进行生物修复的基本过程。由此可见,根系分泌、根际微生物相互关系在土壤污染生物修复中具有非常重要的地位与作用。通过对根际环境中植物与微生物的相互关系的研究,结合根际微生物的应用,提高超积累植物对重金属的积累,降低污染物对植物的毒害作用,增强植物、微生物对土壤有机污染物的降解转化能力,将为污染土壤的植物修复提供效果更佳的新方案。随着根际环境与土壤污染植物修复研究的深入,使得土壤污染植物修复效率更高,投入降低,消除二次污染,不破坏原有生态环境,运行操作更简单,达到长期的效果,土壤污染的植物修复的应用前景将更加广阔。生物修复技术具有广阔的应用前景,有明显的优点,但也有其局限性,只有同物理处理方法和化学处理方法结合起来形成综合处理技术,才能更好、更有效地修复土壤污染。

三、土壤污染物治理中生物修复技术的应用和典型案例

(一)污染物

污染物是指直接或间接损害环境或人类健康的物质,污染物有自然界产生的,如火山爆发、森林大火产生的烟尘,也有人类活动产生的。环境科学主要研究和关注人类活动产生的污染物。污染物是在特定的环境中,达到一定的浓度或数量,持续一定时间的某些环境不需要的物质,并不一定是有毒物质。例如氮和磷本来是植物必需的营养元素,但当在水体中达到一定的浓度,持续一定的时间而不能被稀释时,就会成为水体富营养化的主要元凶,使有害藻类迅速繁殖,鱼类等水生动物会因为缺氧而窒息死亡。

(二)污染物的分类

1.有机物

土壤中,大部分有机污染物的来源都是化肥农药。目前,土壤有机污染较为严重,并且工业区附近的土壤污染远高于农业区的土壤。如今,城市越来越多,工业化程度越来越强,在城区和工厂附近都出现了大量的有机污染物,土壤受到很严重的污染。

2.重金属

无机污染物也是形成环境污染的重要因素,尤其是锡、铅、锌、汞、砷、铬、镉等重金属物质。重金属进入土壤时必然会通过下述几中方式:一是排放未经处理的工业废水;二是使用金属含量超标的农药;三是空气中的重金属粉尘沉降到土壤中;四是利用含有重金属的废水对农田进行灌溉。重金属种类繁多,成分相对复杂,流动性差,经常会滞留在土壤中,也不能被土壤中的微生物降解,同时存在土壤中的重金属会溶解在水中,经植物吸收最终进入人体,从而影响人类的身体健康状况。

3.放射性元素

随着社会迎来工业化时代,核技术趋向成熟,在地质、科研等很多领域都得到了极大应用,但如今很多核污染物出现在土壤中。核污染具有很强的放射性,不但对人的健康有直接危害,还能够参与到食物链循环中。放射性元素进入人体会造成细胞损伤,引发恶性肿瘤等一系列疾病。

4.病原微生物

人类与动物的排泄物都会给土壤带来大量病原微生物。此外,利用污水进行灌溉也会给土壤带来病原微生物。这些污水主要指的是医院用水和未经处理的生活污水,在人们与污染土壤相接触后,容易感染多种病毒与细菌,如果人们食用了被污染的蔬菜,会对身体健康造成影响。如果遇到下雨天,受到污染的土壤会因为雨水的冲刷转移到别的地方,造成二次污染。

(三)降解有机污染物

1981 年浙江绍兴钢铁厂建了凤眼莲池,面积为 1 300 m²,在处理经生物脱酚设备的出水和焦油车间墙内地面排水等废水时,进水流量为 582 m³/h,水力停留时间为 6 h,进水焦油含量为 3~5 mg/L,酚含量为 2~3 mg/L,出水焦油和酚含量分别下降 0.1 mg/L 和 0.01~0.02 mg/L。

1984 年,美国针对密苏里州西部石油运输泄漏事件,采用了添加氮磷营养物质、人工曝气的方法进行原位生物修复,经过 32 个月的运行,苯、甲苯和二甲苯的浓度从 20~30 mg/L 降低到 0.05~0.1 mg/L,得到了良好的处理效果。

(四)脱氮除磷

南京莫愁湖种植莲藕,年产莲藕 25 万 kg,每年由藕带走氮 6 万 kg、磷1 000 kg,经过 3 年时间,水质由原来的 14 级上升到 11 级。美国阿波勃卡湖(12 500 hm²),1984—1985 年在长有凤眼莲的渠道中氮、磷平均去除率分别是54% 和 63%。沈阳西部城市用生物修复技术处理城市生活污水,3 年平均处理结果表明,生物修复技术对总氮的去除率为 82.38%、总磷的去除率为92.34%。

(五)去除重金属污染

有些植物对金属有积累作用,而利用对重金属有较高的耐性和富集能力的植物,已然成为环境污染生态修复治理的重要措施。因此,研究矿区周边优势植物对土壤重金属吸收及富集特征,对于区域环境治理与生态修复具有重要的理论与实践意义。目前,由于植物修复技术成本低且适于大范围应用,迅速成了土壤修复的研究焦点。有学者研究了徐州北郊煤矿区 8 种优势植物对Cu、Pb 和 Zn 的富集能力,认为野艾蒿(*Artemisia lavandulaefolia*)可以用于煤矿区植被修复。有学者分析了临汾西山煤矿 5 种优势种植物对 Pb 的富集特征,发现夏至草(*Lagopsis supina*)对 Pb 有较强的富集和转运能力,是 Pb 超富集植物。有学者研究高砷煤矿区灯芯草对重金属元素积累特性,发现灯芯草(*Juncus effusus*)对 Fe、Mn 有较强的富集转运能力,具有 Mn 超富集植物的特征。有学者分析了露天煤矿本土植物的重金属含量,发现无叶假木贼(*Anabasis aphylla*)、琵琶柴(*Reaumuria songoonica*)和梭梭(*Haloxylon ammodendron*)对 Zn、Cr 和 Pb 具有较强的转运能力,可作为矿区土壤植物修复的优选物种。有学者分析了黄石矿山公园内 9 种优势草本植物对 Cd、Cu、Zn 的富集转运特征,发现蕨菜和早熟禾是典型的 Zn 富集性植物,蜈蚣草对 Cd 的富集能力最强,这 3 种植物可作为重金属污染土壤的修复植物。有学者提出超富集植物这一概念,随后有学者提出利用超富集植物清除土壤重金属污染的思想。综合分析表明,在重金属污染生境中调查筛选本土优势植物对重金属污染土壤修复具有重要价值。

(六)去除放射性元素

核试验、核爆炸及核裂变产生的放射性污染物对生物和人类健康造成很大威胁,如用目前的转移污染土壤的方法,不仅费时费钱,而且很困难。自然界中有很多植物能吸收放射性物质,若用生物修复技术来治理放射性污染,使放射性元素脱离食物链,其效果比目前处理方法好得多,如桉树苗一个月可去除土壤中 31% 的 Cs 和 11.3% 的 Sr。

中篇　土壤污染植物修复技术

随着经济的发展,环境受损日益严重,人们关注水体和大气的同时却忽视了土壤污染的危害性,作为生态圈中的重要组成部分,土壤受污染同样日益严重。当前我国对污染土壤处理技术的研究中着重研究生物处理技术,生物处理技术与化学处理技术等相比具备诸多优势。当前我国土壤污染物的主要形式是无机物污染、有机物污染、复合污染、固体废物污染和生物污染等几种形式,无机物污染又包括重金属污染、非金属有毒物质污染和放射性物质污染。近年来由于工业的发展,我国许多地区的土壤都或多或少地受到了一定的污染,影响了植物生长和人民的生活。同时,由于我国土壤污染处理技术的发展起步较晚,在发生污染时并未进行及时处理,因此当前的土壤污染程度还在不断上升。我国土壤污染处理技术研究人员对生物处理修复技术的研究可以分为处理机制的研究和试验研究等几个方面,同时为了增强技术的实用效果,当前研究中的大多数都属于试验研究,对处理机制的研究较少。就当前研究的主体来讲,污染土壤修复技术近年来在我国的发展较快,但是,在实际研究中还存在不足,对处理机制、处理对象等方面的理论研究还存在不足之处。

本篇主要介绍植物修复的机制、修复植物的筛选及性能改进、重金属植物修复技术、有机污染物植物修复技术等内容。

第一节　植物修复的机制

一、概述

(一)植物修复的概念

植物修复指的是利用活的植物来清理被有害污染物污染的土壤、空气和水的技术。它被定义为"使用绿色植物和相关微生物,以及适当的土壤改良和农艺技术,以控制、去除或使有毒环境污染物无害"。植物修复是一种具有成本效益的基于植物的修复方法,利用的是植物从环境中浓缩元素和化合物以及代谢其组织中各种分子的能力。植物修复是指某些被称为超富集植物的生物在土壤、水或空气中生物积累、降解或使污染物无害的自然能力。有毒重金属和有机污染物是植物修复的主要目标。近年来,关于植物修复的生理和分子机制的知识以及旨在优化和改进植物修复的生物和工程策略开始出现。此外,一些现场试验证实了利用植物进行环境净化的可行性。

植物修复可用于有机污染土壤和重金属污染土壤的修复及治理。目前,国内侧重于研究重金属污染土壤的植物修复,而有机污染土壤的植物修复技术近年来也慢慢受到关注。20世纪50年代,有机(氯)杀虫剂的大量使用,一方面提高了农业生产效益,另一方面也造成土壤有机污染;研究者发现某些植物可以从污染土壤中积累这些有机物,从而植物被尝试用作土壤有机污染的修复过程,植物修复被看作最具潜力的土壤污染治理措施。目前,国际上有关植物修复的研究主要集中于重金属超积累植物,多与植物提取土壤重金属有关。我国"863"计划已将植物修复土壤重金属污染列为专项,这必将推动我国污染土壤修复技术的发展。然而,国内对土壤有机污染物的植物修复研究很少。

植物修复是以植物积累、代谢、转化某些有机物的理论为基础,通过有目的地优选种植植物,利用植物及其共存土壤环境体系去除、转移、降解或固定土壤有机污染物,使之不再威胁人类健康和生存环境,以恢复土壤系统正常功能的污染环境治理措施。实际上,植物修复是利用土壤-植物-(土著)微生物组成的复合体系来共同降解有机污染物;该体系是一个强大的"活净化器",它包括以太阳能为动力的"水泵(pump)""植物反应器"及与之相连的"微生物转化器"和"土壤过滤器"。该系统中活性有机体的密度高,生命活性旺盛;由于植物、土壤胶体、土壤微生物和酶的多样性,该系统可通过一系列的物理、化学和生物过程去除污染物,达到净化土壤的目的。植物修复是颇有潜力的土壤有机污染治理技术。与其他土壤有机污染修复措施相比,植物修复经济、有效、实用、美观,且作为土壤原位处理方法,其对环境扰动少;修复过程中常伴随着土壤有机质的积累和土壤肥力的提高,净化后的土壤更适合于作物生长;植物修复中的植物固定措施对于稳定土表、防止水土流失具有积极的生态意义;与微生物修复相比,植物修复更适用于现场修复且操作简单,能够处理大面积面源污染的土壤;另外,植物修复土壤有机污染的成本远低于物理修复措施、化学修复措施和微生物修复措施,这为植物修复的工程应用奠定了基础。

重金属污染土壤的植物修复技术一直是植物修复的前沿课题。植物挥发是利用植物使土壤中的重金属转化为可挥发的、毒性小的物质,但应用范围小,且可能产生二次污染,因此该方面研究基本处于次要地位。植物提取是利用重金属超富积植物从污染土壤中超量吸收、积累一种或几种重金属元素,并将它们输送、储存在植物的地上部分,最终通过收获并集中处理植物地上部(可能包括部分的根),反复种植、连续收获,以使土壤重金属含量达到可接受水平。目前,植物提取研究最多、最有发展前景,通常所说的植物修复就是指植物提取。相对于传统的物理、化学方面的土壤修复技术,植物修复不需要土壤的转移、淋洗和热处理等过程,因而经济性较高,对土壤的扰动小,对环境影响也较小。

(二)植物修复的机制

(1)植物对有机污染物的直接吸收。被植物吸收的有机化合物有多种去向:①植物分解,通过木质化作用将其转化为植物体的组成部分;②转化成无毒性的中间代物产物,储存于植物体内;③完全被降解,最终转化成二氧化碳和水,从而达到去除有机污染物的目的。

(2)根际生物降解作用。根际是受植物根系活动影响的一个微区,也是植物-土壤-微生物与其环境条件相互作用的场所。根分泌物不仅能提高已存在微生物的数量和活性,而且能选择性地影响微生物生长,使根际不同微生物的相对丰度发生改变,从而有利于根际的有机污染物的降解。研究表明,植物根际的微生物数量比非根际区高几十倍,甚至几百倍,微生物的代谢活性也比原土体高,从而提高有机污染物的降解效率。

(3)植物根部分泌的酶可催化降解有机污染物。植物根系分泌的酶可直接降解有关污染物,致使有机污染物从土壤中的解吸和质量转移成为限速步骤,植物死亡后酶释放回到环境中,可以继续发挥分解作用。

(三)植物修复技术的类型

根据植物修复的定义可知,植物修复技术包括植物萃取、根际过滤、植物降解、植物挥发、植物固定、植物刺激等类型。

1.植物萃取

植物萃取利用重金属超富集植物对土壤中重金属的超量积累并向地上部转运的功能,然后通过将植物生物体转移的方式去除受污染土壤中的重金属。

2.根际过滤

根际过滤是指借助植物根系的代谢活动,实现对重金属的吸收、富集和沉淀等作用,最终实现降低土壤中重金属毒性的修复方式。

3.植物降解

植物降解是指通过植物的代谢活动,改变重金属污染的存在形态,最终将污染物转化为毒性微弱甚至无毒性形态的过程。

4.植物挥发

植物挥发是指通过植物的代谢活动,将吸收进入植物体内的污染物转化为可挥发的形态,最终通过植物的蒸腾作用将其释放进入大气中。

5.植物固定

植物固定是指利用植物的分泌物吸附重金属,以改变其移动性或生物有效性,从而实现重金属的固定、隔绝,以减少其对生物的毒害。

6.植物刺激

植物刺激是指植物通过刺激其共生微生物的代谢活动,达到改变重金属生物活性的目的,最终降低重金属对生物的毒害损伤。

(四)植物修复的原理

1.植物转化原理

植物转化也称植物降解(Phytodegradation),指通过植物体内的新陈代谢作用将吸收的污染物进行分解,或者通过植物分泌出的化合物(比如酶)的作用对植物外部的污染物进行分解。植物转化技术适用于疏水性适中的污染物,如 BTEX、TCE、TNT 等军事活动排废,对于疏水性非常强的污染物,由于其会紧密结合在根系表面和土壤中,从而无法发生运移,对于这类污染物,更适合采用植物固定和植物辅助生物修复技术来治理。

2.根滤作用(Rhizofiltration)原理

借助植物羽状根系所具有的强烈吸持作用,从污水中吸收、汇集、沉淀金属或有机污染物,植物根系可以吸附大量的 Pb、Cr 等金属,另外也可以用于放射性污染物、疏水性有机污染物(如三硝基甲苯 TNT)的治理。进行根滤作用所需要的媒介以水为主,因此根滤是水体、浅水湖和湿地系统进行植物修复的重要方式,所选用的植物也以水生植物为主。

3.植物辅助生物修复(Plant-Assisted Bloremediation)原理

通过植物的吸收促进某些重金属转移为可挥发态,挥发出土壤和植物表面,达到治理土壤重金属污染的目的。有些元素如 Se、As 和 Hg 通过甲基化挥发,大大减轻土壤的重金属污染。如 *B.Juncea* 能使土壤中的 Se 以甲基砷的形式挥发去除。还有的研究表明烟草能使毒性大的二价汞转化为气态的零价汞。有学者将细菌的汞还原酶基因转入 *Arabidopsistfialiana* 中,发现该植物对 $HgCl_2$ 的抗性和将 Hg^{2+} 还原为 Hg 的能力明显增强。这一方法只适用于挥发性污染物,植物挥发要求被转化后的物质毒性要小于转化前的污染物质,以减轻环境危害。由于这一方法只适用于挥发性污染物,应用范围很小,并且将污染物转移到大气和异地土壤中对人类和生物有一定的风险,因此它的应用受到限制。

4.植物萃取(Phytoextraction)原理

种植一些特殊植物,利用其根系吸收污染土壤中的有毒有害物质并运移至植物地上部,通过收割地上部物质带走土壤中污染物的一种方法。该技术利用的是一些对重金属具有较强忍耐和富集能力的特殊植物。要求所用植物具有生物量大、生长快和抗病虫害能力强的特点,并具备对多种重金属较强的富集能力。此方法的关键在于寻找合适的超富集植物和诱导出超级富集体。

5.植物固定(Phytostabilization)原理

利用植物根际的一些特殊物质使土壤中的污染物转化为相对无害物质的一种方法。

二、植物在环境中的作用

(一)植物是自然界中的第一性生产者

植物通过光合作用,将二氧化碳转化成碳水化合物,同时释放出氧气,储存能量。碳水化合物在植物体内进一步转化为脂类和蛋白质等有机物质,这些有机物除一部分用于维持自身的生命活动以及组成植物自身的结构外,大部分作为生物能源贮藏在植物的各个器官内。据估算,地球上的植物每年合成约 26 050 亿 t 有机物,相当于每年积蓄 3×10^{21} J 的化学能,数值十分惊人。光合作用的实质就是物质转化和能量转化,将无机物转化为有机物,将太阳能转化为化学能,保证了人类和动物的食物来源,保持环境中的二氧化碳与氧气含量相对稳定。此外,储存于地下的煤炭、石油、天然气也主要由远古时期的植物遗体经地质矿化而成;人类的食物中作为主要作物的粮食也都属于植物;人类的医药,尤其是中国的中药,很大一部分是由药用植物构成的。由此可见,植物是世界上一切生命活动及物质生产的源泉,也即是说,植物是自然界中第一性生产者。

(二)植物在自然界物质循环中的作用

植物不仅具有有机物合成及储存的作用,同时也具有分解有机物的功能,即矿化作用。通过植物的光合作用及矿化作用的合成与分解,使自然界的物质循环往复,并维持一定的平衡。矿化作用一方面通过动植物的呼吸作用,将有机物分解为二氧化碳和水;另一方面通过细菌、真菌等对死亡有机物的分解,将复杂的有机物转化为简单的无机物。其中最主要的为碳循环作用和氮循环作用。

大气中的二氧化碳维持相对的平衡,除来自木材、煤炭等的燃烧,动植物的呼吸外,主要依靠非绿色植物对生物尸体的分解。随着现代工业的发展,空气中的二氧化碳呈明显增长趋势,形成了所谓的"温室效应"。面对这一严峻形势,加强植物资源的保护及合理开发利用、积极营造森林植被、扩大森林覆盖率,对避免二氧化碳失衡有十分重要的意义。氮在大气中约占79%,对生命活动有着重要的意义。植物通过氨化作用,将碳水化合物与铵盐合成蛋白质,蛋白质通过呼吸或对动植物的分解,释放出铵离子;通过硝化细菌的硝化作用以及反硝化细菌的反硝化作用等,使空气中的氮能够为植物吸收利用并循环往复。植物界的分解作用与合成作用辩证统一,循环往复,维持着生态系统的平衡,在自然界物质循环中发挥着巨大的作用。

(三)植物对环境保护和水土保持的作用

植物对环境保护的作用主要反映在它对大气、水域、土壤的净化作用。植物叶片的表皮有表皮毛、黏液、油脂等,可吸附粉尘、有毒气体,富集有害物质。部分植物具有较高的抗性和吸收、积累污染物的能力。植物对大气污染有一定的净化作用,且有调节气候、减噪、防尘等效果。植物的水土保持作用也十分重要。森林对地面的覆盖可以减少雨水在地表的流失和对表土的冲刷,保护坡地,涵蓄水源,防止水土流失。森林枝叶的蒸腾作用,使水汽散发到大气中,水汽再凝结成雨,减免了地区干旱。

工业的高速发展导致了严重的环境污染,对植物亦有不同程度的危害。另外,人们为了追求利益,毁林开荒、乱砍滥伐,导致环境破坏、生态失衡。对生物的生存以及人类的生产生活造成了严重的影响。

(四)植物是自然的基因库

种类繁多的植物界犹如一个庞大的天然基因库,蕴藏着丰富的物种资源。在植物进化过程中,由于长期受到不同自然环境的影响,形成了不同的遗传性状,这些基因给人类留下了宝贵的财富。物种资源的合理利用对于植物引种驯化、品种改良、抗性育种等方面有巨大的作用。然而值得注意的是,人类对生物资源的过度开发、环境污染、全球气候变化、大规模兴建城市无疑使许多有价值的物种资源流失了。合理开发、利用和保护植物物种资源,是当今世界发展中不可忽视的一个问题。

三、植物修复工程技术

(一)植物提取修复

超积累植物由于具有很强的吸收和积累重金属的能力,从而在修复重金属污染土壤方面表现出极大的潜力。植物提取修复技术是指利用重金属积累植物或超积累植物将土壤中的重金属提取出来,富集并搬运到植物根部可收割部分和植物地上的枝条部位,是目前研究最多且最有发展前途的一种植物修复技术。用于植物提取修复的植物分为超积累植物和诱导的积累植物两大类。前者是指一些具有很强的吸收重金属并运输到地上部积累能力的植物;后者则是指一些不具有超积累特性但通过一些过程可以诱导出超量积累能力的植物。具有高生物量的可用于诱导植物提取的植物有印度芥菜、玉米和向日葵等。室内试验和田间试验均证明,超积累植物在净化重金属污染土壤方面具有极大的潜力。有学者在英国的 IACR-Rothamsted(洛桑)试验站进行了超量积累植物的首次田间试验,结果显示,超积累植物天蓝遏蓝菜(*T. caerulescens*)在净化 Zn 污染土壤方面具有极大的潜力。然而,天蓝遏蓝菜生长速度很慢,植株矮小,单株干物质质量小,这给生产上实际应用带来很大的困难。

诱导性的植物提取包括两个基本阶段:一是土壤中束缚态重金属转化为非束缚态;二是重金属向植物可收获的地上部运输。螯合物的作用在于增加金属离子在土壤溶液中的溶解度,然后重金属通过蒸腾流在木质部运输,并以金属-螯合物的形式运至地上部。金属螯合物在地上部的富集量取决于根系的表面积以及植物体内的毛细管系统。植物修复的效果常常受土壤中重金属低生物有效性的限制。一些人工合成的螯合剂 EDTA、DTPA、CDTA、EGTA 及柠檬酸明显促进 Cd 和 Pb 在植物体内的积累和向地上部的运输。

尽管超积累植物在修复土壤重金属污染方面表现出很高的潜力,但超积累植物的一些固有特性给植物修复技术带来了很大限制。首先,大部分超积累植物植株矮小,生物量低,生长缓慢,因而修复效率受到很大影响,且不易机械化作业。其次,超积累植物多为野生型植物,对生物气候条件的要求也比较严格,区域性分布较强,严格的适生性使成功引种受到严重限制。再次,超积累植物专一性强,一种植物往往只作用于一种或两种特定的重金属元素,对土壤中其他含量较高的重金属则表现出中毒症状,从而限制了在多种重金属污染土壤治理中的应用。

(二)植物挥发修复

目前,在植物挥发修复方面研究最多的是金属元素汞和重金属元素硒,如离子态汞(Hg^{2+}),它在厌氧细菌的作用下可以转化成对环境危害极大的甲基汞。利用细菌先在污染位点存活繁衍,然后通过酶的作用将甲基汞和离子态汞转化成毒性小得多、可挥发的单质汞,这已被作为一种降低汞毒性的生物途径之一。当前研究利用转基因植物挥发污染土壤中的汞,即利用分子生物学技术将细菌体内有机汞裂解酶和汞还原酶基因转导到植物(如拟南芥)中,进行植物挥发修复,已有研究表明,细菌体内的汞还原酶基因可以在拟南芥中表达,表现出良好的修复潜力,现代分子生物技术和基因工程的介入,使得植物挥发技术有了更大的发展。有学者已成功地将细菌中的 Hg^{2+} 还原酶基因导入拟南芥,使植物耐汞的能力大大提高,并且这种转基因植物还可将 Hg^{2+} 还原为挥发态的汞,促进了汞从土壤中的挥发。但同时要注意的是,分子汞仍然是有毒的。

(三)植物稳定修复

植物稳定修复的作用主要有两方面:一是通过根部累积、沉淀、转化重金属,或通过表面吸附作用固定重金属;二是保护污染土壤不受风蚀、水蚀,减少重金属渗漏污染地下水和向四周迁移污染周围环境。重金属在土壤中可与有机物如木质素、腐殖质等结合,或在含铁氢氧化物或铁氧化物间形成重金属沉淀及多价螯合物,从而降低重金属的可移动性和生物有效性。植物稳定修复利用和强化了这一过程,进一步降低了重金属的可移动性和植物有效性。植物稳定修复一般具有两个特征:一是能在高含量重金属污染土壤上生长;二是根系及分泌物能够吸附、沉淀或还原重金属。利用固化植物稳定重金属污染土壤最有应用前景的是 Pb 和 Cr。一般来说,土壤中 Pb 的生物有效性较高,但 Pb 的磷酸盐矿物则比较难溶,很难为生物所利用。植物稳定修复并没有从土壤中将重金属去除,只是暂时将其固定,在减少污染土壤中重金属向四周扩散的同时,也减少其对土壤中生物的伤害。但如果环境条件发生变化,重金属的可利用性可能又会发生变化,因而没有彻底解决重金属污染问题,重金属污染土壤的植物稳定修复是一项正在发展中的技术,若与原位化学钝化技术相结合可能会显示出更大的应用潜力。未来的研究方向可能是耐性植物、特异根分泌植物的筛选,以及植物稳定修复与原位钝化联合修复技术的研究。

(四)植物代谢修复

有机污染物被吸收后,植物可通过木质化将有机物及其残片储藏在新的结构中,也可将它们矿化为 CO_2 和 H_2O,去毒作用可将原来的化学物质转化为无毒或低毒的代谢物,储藏于植物细胞的不同位置,也有可能转化为毒性更大的污染物。但是,对于大多数有机污染物,植物只能将其代谢而不能将其彻底矿化。近来有证据表明,植物可矿化多氯联苯类(PCBs)化合物,但数据仍很缺乏。

植物对有机污染物降解的成功与否取决于有机污染物的生物可利用性,后者与化合物的相对亲脂性、土壤类型(有机质含量、pH、黏土矿物含量与类型)和污染物在土壤中的存在时间有关。

植物来源的某些酶能降解某些有机化合物,脱卤素酶、漆酶、过氧化物酶和磷酸酶可分别降解氯代溶剂、TNT、苯酚和有机磷杀虫剂。普通植物对持久性有机污染物的降解能力很低,而转基因技术对增加植物的这种能力提供了一种新的有希望的途径。研究表明,导入哺乳动物细胞色素 P4502E1 的转基因植物提高了对卤代烃的代谢,被代谢的三氯乙烯(TCE)是对照植物的 640倍,对二溴乙烯吸收和脱溴作用也有所增加。

用 ^{14}C 标记的 BaP 和高羊茅进行的植物修复试验表明,种植植物与未种植植物的处理土壤残留态 BaP 的含量分别为 440 g/kg 和 530 g/kg。植物可大大改善根际微生物的生活条件,增加根际土壤微生物的活性,为什么其去除土壤有机污染物的作用如此有限?原因可能与这些微生物对有机污染物的降解能力有限有关。土壤中能够降解脂溶性有机污染物的酶只是极少数,大多数植物根系分泌及根际微生物产生的酶只能以土壤中常见的有机物为底物,而对外来的高亲脂性的除草剂和杀虫剂降解能力很低。因此,从这个意义上来说,培育、筛选或驯化对亲脂性有机物降解能力高的微生物或植物,以及对于持久性有机污染物污染土壤的修复具有重要意义。

(五)联合修复工程技术

1.污染物的根际修复

根际的重要特点之一是这一微域中含有大量的根系分泌物,导致微生物数量和活性大大增加,为刺激污染物的降解创造了条件。根际环境是指与植物根系繁殖紧密且相互作用的土壤微域环境,是在物理、化学和生物学特性上不同于周围土体的根表面的一个微生态系统,在植物修复中,大多数超积累植物(如天蓝遏蓝菜、拟南芥)由于其生物量有限且生长缓慢,并不适合大面积的修复现场应用。从植物及土壤微生物的种类和数量而言,构建植物-微生物修复污染土壤有效配比成为难点,也使得此技术的实际应用少。研究者们发现,土壤微生物和植物根际的相互作用能够在很大程度上影响植物的生长水平,甚至能增强其在污染土壤中的存活性,如具有金属抗性的根际嗜铁细菌的存在能够为植物生长提供必要的营养(如铁元素等),大大降低土壤重金属污染物对植物的毒害作用。根际微生物还能够增强土壤污染物的生物可利用性,从而强化植物提取或植物富集。如果能够在这些土壤微生物与超积累植物间建立某种联系,用以提高超积累植物的积累能力,那么就能有效提高污染土壤的植物修复效率,持久性有机污染物的根际修复就是利用根际技术提高污染物生物降解的一种方法。如有学者选用紫云英作为宿主植物,研究了紫云英-根瘤菌对多氯联苯污染土壤的联合修复效应,结果表明,经过 100 d 的修复作用,单接种根瘤菌、种植紫云英以及紫云英-根瘤菌处理土壤中,多氯联苯的去除率分别为 20.5%、23.0%、53.1%,根瘤菌对紫云英修复 PCBs 污染土壤具有明显的强化作用,而且改善了紫云英-根际土壤微生物群落结构和功能多样性,紫云英-根瘤菌共生体对多氯联苯污染土壤表现出较好的修复潜力。

植物本身能直接代谢吸收污染物,另外根系还能增加微生物数量和根际特殊微生物区系的选择性,改善土壤的理化性质,增加共代谢过程中所需根系分泌物的堆放量,提高污染物的腐殖质化和吸附性能,从而增加污染物的生物有效性。与非根际土壤相比,根际土壤能加速持久性有机污染物如多环芳烃类(PAHs)、杀虫剂和除草剂的去除。

对于高度亲脂性的除草剂和杀虫剂,氧化通常是微生物降解这些物质的第一步,这一步可增加污染物的水溶性并且可能形成糖苷键。细胞色素P450、过氧化物酶等都是氧化有机污染物的重要酶,因此对这一类型的酶研究应该受到重视。根际微生物对有机污染物的降解主要包括以下两种方式:一种是共代谢降解;另一种是污染物作为唯一的 C 源和能源被微生物降解(可称为非共代谢降解)。

1)共代谢降解

共代谢降解指的是一些难降解的有机化合物,通过微生物的作用,化学结构被改变,但有机污染物本身并不能被微生物用作 C 源和能源,微生物必须从其他底物获取大部分或全部 C 源和能源的代谢过程。另外,在有其他 C 源和能源存在的条件下,微生物酶活性增强,降解非生长基质的效率提高,也称为共代谢作用。由于绝大部分持久性有机污染物不能作为微生物的 C 源和能源,因此在利用微生物进行持久性有机污染物降解时,必须添加生物基质。试验证实,PAHs、苯酚、2,4-二氯苯氧基乙酸(2,4-D)和植物酚(如儿茶酚和香豆素)均可被共代谢降解。目前,从共代谢角度系统研究有机污染物降解的文献不多,植物根际的共代谢更是缺乏研究。因为对共代谢 C 源和能源选取还缺乏系统考虑,所以还难以建立不同共代谢 C 源与不同有机污染物关系的选择优化理论。

2)非共代谢降解

在不能以共代谢的方式得到能量和 C 源的情况下,微生物也能利用有机污染物作为 C 源和能源,将其矿化为 CO_2 和 H_2O。有学者从小麦根际分离的一个微生物区系能够以除草剂二甲四氯丙酸为唯一 C 源和能源;该区系由两个 *Pseudomonas* 种构成,而单个纯培养菌都不能在二甲四氯丙酸上生长。该区系也能降解 2,4-D 和二甲四氯苯氧基乙酸,但不能降解 2,4,5-三氧苯氧基乙酸。研究表明,丝状真菌和酵母能够以花为唯一 C 源对其进行代谢。当用 6 种 PAHs 的混合物时,*Mycobacterium sp.* 可少量降解混合物中的苯并[a]芘。

生物修复过程是一种人为促进土壤中污染物去除的过程,因此通过各种方式促进土壤微生物的活性及其对污染物的降解应是人们努力的方向。从这个意义上说,共代谢降解应当在持久性有机污染物的修复中具有一定的应用前景。

植物-微生物联合修复的技术瓶颈需要在以下几个方向进行突破:①筛选耐性/抗性较强的菌株和有机污染物降解菌株;②利用分子生物技术及基因工程等手段,选育高效富集重金属植物,驯化培养耐性微生物,构造工程菌剂;③利用微生物强化植物富集重金属过程中,不同因子匹配的结果差异较大,因此筛选出高效的工艺组合,最大限度地缩短修复进程;④增加现场条件下试验以及植物修复效率的研究,以便尽快实现植物/微生物修复技术的工程化。

2.污染物的微生物-电动修复

结合电动方法和生物浸滤的修复技术最早由 Maini 提出,最初该技术结合了硫氧化生物浸滤和电动力学的方法,通过生物浸滤将污染物转化成可溶态,然后采用电迁移转移污染物质,可提高修复效率,缩短电动修复时间,并减少能量的消耗。有学者用电动方法向沙土中注入和分散外源微生物,结果表明,外源菌能够在沙土中向阳极迁移;并且在电动迁移过程中保持对 TCE 的降解能力。但电动方法会产生一个酸性环境,这时污染物质对细菌的危害较大,会降低菌种的活性。有学者在阳极注入 NH_4^+、OH^-,阴极注入稀硫酸,考察了 2 种物质在细沙土和高岭土中的迁移效率。试验表明,由于两者对于电极反应的去极化作用使得土壤中的 pH 维持在 6.5~7.4;NH_4^+ 和 SO_4^{2-} 可同时注入到土壤中。传统的向地下环境中输送外源活性微生物的方法是水力梯度法,此方式对微生物的分散性差,所注入的微生物通常保持在注入点的局部位置,微生物在局部生长形成"生物垢",堵塞土壤空隙,使强化过程失败,电动力学方法能够克服传统方法的不足,提高传质效率。当土壤中缺乏氮、磷等营养物质以及电子受体时,同样可以利用电动效应往地下高效输送这些物质。微生物-电动联合技术不仅可以应用于有机污染土壤的修复,也可应用于无机物污染土壤的修复。有学者采用微生物与电动技术联合修复石油污染土壤,其修复效率比单独采用微生物修复时高,施加电场可能有利于微生物持续对石油进行降解。有学者采用微生物修复 Cr(VI) 污染的黏土时发现,可以通过电动技术向土壤中的微生物传送营养物质。有学者采用垂直电场电动方法与植物修复相结合用于去除土壤中的铜和锌。铜和锌离子在垂直电场作用下迁移到土壤表层附近,黑麦草的根系可以吸收或固定金属离子,其中施加电场后黑麦草根系中铜的含量比不施加电场时黑麦草根系中铜含量提高了 0.5 倍左右。有学者采用化学淋洗-生物联合修复方法处理六价铬污染土壤,结果表明,用表面活性剂和硫酸盐还原菌共同处理 Cr 污染土壤,淋洗上清液中 Cr^{6+},可全部转化为 Cr^{3+},未被淋洗出的 Cr 从较易被植物利用的可交换态转化为稳定态,主要以 Cr^{3+} 沉淀形式存在于土壤中。

3.污染物的化学/物化-生物联合修复

目前已经开发出的化学/物化-生物联合修复技术形式主要有淋洗-生物联合修复、化学氧化-生物联合修复、电动-芬顿-生物联合修复、光降解-生物联合修复等。淋洗-生物联合修复技术通过增加污染物的生物可利用性,利用有机络合剂的配位溶出,增加土壤溶液中重金属浓度,提高植物有效性,从而实现强化诱导植物对污染物的吸取。化学氧化-生物降解和臭氧氧化生物降解等联合技术已经应用于污染土壤中多环芳烃的修复。电动-芬顿-生物联合修复技术可以克服单独的电动技术或生物修复技术的缺点,在不破坏土壤质量的前提下,加快土壤修复进程。电动-芬顿-生物联合修复技术已用于去除污染黏土矿物中的菲,硫氧化细菌与电动力学联合修复技术用于强化污染土壤中铜的去除。应用光降解-生物联合修复技术可以提高石油中 PAHs 污染物的去除效率。总体上,这些技术多处于室内研究阶段。

有学者采用化学-生物联合修复技术对广东省大宝山矿山周边多金属污染土壤进行修复,首先对土壤施加有机肥+石灰石、白云石、石灰石等改良剂,然后在其上种植红麻进行修复。结果表明,改良剂可以显著提高土壤微生物活性,土壤微生物对糖类、氨基酸类和胺类等碳源的利用能力增强,有助于重金属污染土壤的生态修复。与单一的修复法相比,化学-生物联合修复有机物污染效率更高一些。有学者采用生物表面活性剂-化学氧化剂-微生物方法联合修复多氯联苯(PCBs)污染土壤,其中 PCBs 浓度为(52 ± 1) g/kg,化学氧化剂分别为液态 H_2O_2 和 CaO_2。结果表明,修复 42 d,无论采用哪种氧化剂,联合修复方法均比单独采用微生物修复 PCBs 降解率要高出 10 个百分点以上。

四、环境条件对植物修复的影响

植物修复影响因子众多,如气候因子、土壤因子、生物因子和人为因子等。但无论哪种因素,首先能影响植物生长发育的因子都将使修复受到影响。植物的生长是体内各种生理活动协调的结果,这些生理活动包括光合作用与呼吸、水分吸收与蒸腾、矿物质吸收、有机物转化与运输等。植物的生理活动是在与之相适应的外界条件下进行的,外界环境直接影响和制约着植物的生长。其次,重金属元素的植物有效性也是植物修复的重要因子。假设重金属元素在土壤中存在的状态以植物可利用态居多,那么修复效率肯定比非有效态高。

(一) 气候因子

气候因子主要包括光照、温度、水。

首先,光对植物的生长发育的重要性不言而喻,没有正常的光照,植物就不能通过光合作用正常产生植物体所需的能量和有机物质。植物对光因子的反应相当敏感。强光下,植物蒸腾作用加强、体内新陈代谢加快,不过会抑制枝叶生长。此时的植物较矮小,但生长健壮,茎、叶发达,千粒重也较大,而光照不足的植物,往往茎秆细长,根系发育不良,容易倒伏,产量低。每种植物对光照的需求程度都不同,所以由此产生的差异也不尽相同。

其次,植物的生长需要一定的温度范围,按照这种特点,可将植物对温度的要求概括为生命温度、生长温度、适宜温度。当温度低于某界限时,植物会停止生长,再低则受寒害或冻害。在生长发育过程中,植物必须积累一定的热量(积温)才能进入下一生育期。一年生植物的一个生命周期和多年生植物的一个生长周期,其所需积温是相对稳定的。当逐日温度较低、积温期延长时,植物的生育期也会相应长;当逐日温度较高、积温期缩短时,植物的生育期也相应缩短。在植物所能承受的温度范围内,昼夜温差越大,对植物的生长发育越有利,这是因为,白天温度高,植物光合作用加强,合成能量的同化作用大于异化作用,致使大量有机物质合成储于体内,夜晚温度降低,呼吸作用减弱,体内有机物质的分解速度减慢。这样在温差允许的范围内植物生长发育迅速。不同温度下,土壤对重金属离子的吸附能力也不尽相同。有学者对重金属离子吸附量与样品粒度、吸附时间、温度、pH 的关系进行了试验研究,研究表明,钙基土随样品粒度减小,表现出对金属离子吸附量增大的趋势,Cr^{6+} 的最佳吸附量温度为 40 ℃,Cd^{2+} 的最佳吸附量温度为 40~60 ℃,As^{3+} 的最佳吸附量温度为 20 ℃和 60 ℃,Hg^{2+} 的最佳吸附量温度为 20 ℃和 80 ℃,Pb^{2+} 的最佳吸附量温度为 20~80 ℃。此外,植物根系活动同样受温度影响较大。土壤温度升高,根系代谢活动增强,势必加大根系与周围根际土壤的物质交换,对污染物的吸收作用也会随之增强。

再次,水分也是植物生长的重要因子,水的质量占据了植物质量的 80%,植物体内含水量也是界定植物生长发育程度的重要依据。植物水分的吸收主要依赖根部,因此土壤质地及含水量对植物的生长发育有显著影响。植物缺水则导致生长缓慢,甚至枯萎死亡。

最后,在选择何种超积累植物修复污染地的过程中,气候因子很大程度上是一种筛选的参考依据,而不是调控因子。事实上,在大规模野外修复应用时,气候因子基本上无法调控,如光照强度和时间、温度范围的控制等。在这种情况下,只能选择那些能适应污染地气候类型的植物作为修复载体。

(二)土壤因子

土壤是人类和植物赖以生存的根本。实际修复过程中,土壤是一个至关重要的可调控因子。土壤结构复杂,种类繁多,能影响植物生长发育的土壤因子有很多,下面就几个突出因子作一些简要的介绍。

1.土壤含水量

前面提到过水分对植物生物量大小影响的重要性,植物吸收的水分来源于土壤,土壤含水量成了衡量土壤肥力的条件之一。在一定限度内,高含水量一般都有利于植物的生长发育。有学者用盆栽试验对 3 种阔叶树的生物量指标与土壤含水量之间的关系进行研究,结果表明,随土壤含水量降低,3 种树种苗木净光合速率、蒸腾速率和气孔导度均下降。还有学者通过盆栽试验发现,焕镛幼苗随土壤含水量的增加,植物叶片的净光合速率、光饱和点和气孔导度相应增高。土壤水分与植物所需水分之间的关系,可以用凋萎系数来衡量。凋萎系数是指植物发生永久凋萎时的土壤含水量,植物不同,其凋萎系数也不同,因此植物的凋萎系数可作为植物可利用土壤水分的下限值。

2.土壤 pH

土壤的酸碱度对植物的生长发育有很大的影响,不同的植物对土壤酸碱度的适应性也不同。植物生物量大小和 pH 有着显著的相关性。如小麦种子在萌发和生长时期,pH 大于 7 或小于 6 都将使种子发芽速度减弱。烟草的根系生长在 pH 为 7.0~8.0 时,对生长最有利,超过 8.0 时即受到不良影响,生根期根系最适 pH 为 6.5,中后期最适 pH 为 7.5。

根际土壤 pH 的高低不仅能影响植物的生长发育,同时还能影响重金属的生物有效性。根系分泌的各种有机酸能使根际土壤的 pH 降低,有利于碳酸盐和氢氧化物结合态重金属的溶解,从而更有利于植物的吸收,同时吸附态的重金属释放量也增加。反之,则容易引起重金属元素的"钝化"。土壤 pH 从 7.0 下调至 4.55 时,交换态 Cd 元素增加,难溶性 Cd 减少。有学者对莴苣和芹菜在不同土壤 pH 条件下 Cd 和 Zn 吸收盆栽试验表明,莴苣和芹菜吸收 Cd、Zn 的总量基本遵循随土壤 pH 升高而下降的规律。有学者研究土壤环境

pH 的变化对黄土吸附重金属的影响时发现,随 pH 的增大,黄土壤对重金属吸附量也增大。

3.土壤 Eh

由于植物根系分泌物的存在使得根际土壤的氧化还原电位明显不同于非根际土壤,而氧化还原电位的高低可影响到重金属的植物有效性。大多数重金属在土壤内是结合或吸附在氧化物的表面上,通过溶解氧化物来增加重金属的溶解性。大多数植物可以从根部释放还原剂,从土壤内获得不溶性的重金属。

4.各种农艺措施

在农产品的生产中,人们利用一些农艺措施促进作物的生长,同样对于以植物为载体的植物修复也有很大的促进作用。在很大程度上,植物的生物量与重金属的吸收量呈正相关。植物生物量越大,对重金属的吸收效率也相应提高。

众多植物体修复因子的影响作用并不是孤立的,它们往往综合作用于植物。目前,有关环境对植物修复影响因子的研究报道并不多,尤其是气候因子对植物修复作用的影响。有学者将 5 种植物(番茄、青菜、玉米、鸡眼草和卷心菜)单作和相互间作在多种重金属复合污染的土壤中,研究结果表明,作物间作与单作相比,其植物各部分的重金属累积量显著增加。

5.土壤改良措施

(1)增施有机肥料。可以提高土壤有机质含量,而有机质可以使土壤形成团粒结构,改善土壤的物理性状,可以克服沙土过沙、黏土过黏的缺点。如有学者对生长在 Cd 污染土壤中的五星花施用 4 种不同浓度的氮肥进行处理,研究结果表明,适量的氮可以促进 Cd 的吸收,并恢复叶片中的叶绿素以及影响土壤 pH 和电导率。

(2)掺沙掺黏、客土调剂。如果沙土地(本土)附近有黏土、河沟淤泥(客土),可搬来掺混;黏土地(本土)附近有沙土(客土)可搬来掺混,从而改良本土质地。

(3)翻淤压沙、翻沙压淤。有的地区沙土下面有黏淤土,或黏土下面有沙土,这样可以采用表土"大揭盖"翻到一边,然后使底土"大翻身",把下层的沙土或黏淤土翻到表层来使沙黏混合,改良土壤性能。

(4)引洪放淤、引洪漫沙。在面积大、有条件放淤或漫沙的地区,可利用洪水中的泥沙改良沙土或黏土。

(5)根据不同质地采用不同的耕作管理措施。如沙土整地时,畦可低一些,垄可宽一些,播种宜深一些,施肥要多次少量;黏土整地时,要深沟、高畦、窄垄,以利于排水、通气增温,播种宜浅一些,施肥要求基肥足并控制后期追肥,防止贪青徒长。

五、植物修复技术的应用

水质生态净化技术又称植物修复技术,是一类以湿生植物或水生植物(挺水植物、沉水植物、浮水植物)群落的构建为核心,利用植物自身及其共生生物体系清除水体中污染物的系列技术。目前,我国应用的水质生态净化技术主要有人工湿地、生物浮床、人工沉床、水下森林、滨岸缓冲带等。通过水质生态净化技术,能够截留陆域面源污染、吸附吸收水体营养物质,从而达到保障、改善水质的目的。

(一)人工湿地

作为20世纪70年代发展起来的净水技术,人工湿地技术从80年代起逐渐在河流污染治理和生态修复中发挥重要作用。该技术的净水机制主要是利用土壤-微生物-植物生态系统的自我调控机制和对污染物的综合净化功能,使水质得到不同程度的改善。人工湿地技术具有操作灵活、成本低等特点,近年来,其应用领域不断拓宽,已成功地用于生活污水、工业废水、城市暴雨径流、农业废水的处理与管理和湖泊污染防治中。

(二)生物浮床

生物浮床技术是一项新兴的水体原位修复和控制技术。该技术是把高等水生植物或湿生植物种植到飘浮于水面的人工介质上,通过植物根部的吸收、吸附作用和根际微生物的分解作用达到净化水质的效果。若能点缀以水生花卉,运用该项技术还能营造出较好的景观效果。

(三)人工沉床

人工沉床技术目前在国内的研究报道较少,是一项较为新颖的生物-生态水体修复技术。该项技术利用沉床载体和人工基质栽植大型水生植物(主要为挺水和沉水植物),对污染水体进行原位修复。沉床系统可以通过床体升降人为调控植物在水下的深度,能够克服水深、透明度等客观因素对植物生长的制约,易于实现植物种群优化配置和群落构建,有利于植物后期的维护和管理。因此,该项技术适用于透明度低、水深较大或水位变化较大的水体修复。

(四)水下森林

水下森林技术就是利用生活在水底的大型沉水植物群落的同化作用,对水体中的营养元素进行吸收从而改善水质的技术。大型沉水植物在水底生长迅速,其茎、叶和表皮都与根一样具有吸收作用,这种结构能够直接快速地对水体中污染物进行吸收同化。

(五) 滨岸缓冲带

滨岸缓冲带是指河水-陆地交界处,直至河水影响消失的地带。滨岸缓冲带技术主要目的在于对水质进行保护而不是对水质本身的净化,其功能的发挥主要表现在其对农业等非点源污染的缓冲作用上。滨岸缓冲带能够通过如根系拦截、植物吸收、微生物转化等一系列机械、物理、化学和生物过程达到对陆地与水体间传输物质的缓冲作用,具有截留雨水、减少地表径流、防止地表水流侵蚀、防止践踏、增加水分渗透、固定支撑土壤、净化水质、削减非点源污染、改善生物栖息地、提高景观多样性等多种功能。

(六) 技术集成运用

近年来,我国各地在生态净化技术处理水质方面开展了大量应用研究。不同技术对于水质的改善作用各有千秋,同一种技术在不同的处理时间、污染负荷等条件下,也存在效果上的差异。由于不同河流的水质污染特点与环境条件复杂且因地而异,实际工作中除单纯运用一种生态净化技术外,更多的是将两种或两种以上的生态技术进行集成整合,充分发挥不同技术的优势,往往能得到更好的效果。

六、植物在生物稳定中的作用

(1)保护污染土壤不受侵蚀,减少土壤渗漏以防止金属污染物的淋移。

(2)通过金属在植物根部的积累和沉淀或根表吸持来加强土壤中污染物的固定。

(3)应用植物稳定原理修复污染土壤应尽量防止植物吸收有害元素,以防止昆虫、草食动物及牛、羊等牲畜在这些地方觅食后可能会对食物链带来的污染。然而植物稳定作用并没有将环境中的重金属离子去除,只是暂时将其固定,使其对环境中的生物不产生毒害作用,但并没有彻底解决环境中的重金属污染问题。

第二节　重金属植物修复技术

重金属是全球环境最重要的污染物之一,特点是毒性强,不能被生物分解,大多数也不能通过焚烧的方法从土壤中去除;能通过活性氧等的中介作用,导致植物氧化伤害,乃至死亡,而且能通过食物链在生物体内富集,进而危及人类身体健康等。本书概括了土壤重金属的来源和危害,并论述了植物修复技术的研究方向和优缺点及未来的发展趋势。

土壤是自然界赋予人类的宝贵资源,是人类赖以生存的物质基础,也是人类环境的重要组成部分,具有维持系统生态平衡的自动调节功能。但是随着工业的发展和农业生产现代化,土壤重金属污染问题已成为全球各国共同面临的棘手问题。从1973年Wagner KH、Siddiqi首次发表关于土壤重金属污染问题的文献以来,到现在经过了50年的研究历程。近10年来有关重金属在土壤、作物中的迁移、富集及对重金属污染土壤的治理和植物修复等问题引起了全世界学者的高度重视和深入研究。

土壤重金属污染不会被微生物降解、迁移性小、很难被清除、易在土壤中富集,一直备受人们的关注。土壤中重金属含量超过其环境容量时,一则对土壤中的微生物起抑制毒害作用,使土壤生产力降低。二则直接作用于植物,使植物的生长、发育、繁殖受到影响。产量降低,产品质量下降。再则可先通过吸收富集于植物体内,然后通过食物链迁移至动物和人的体内,严重威胁动物、人类的生存健康。重金属不仅以单一元素污染土壤,当多种重金属在土壤中共存时,它们之间还存在协同、拮抗作用,而且随着污水灌溉以及农药、化肥、污泥的大量施用,进一步加剧了土壤的复合污染。因此,研究土壤重金属污染的来源、形态、赋存形态及转化迁移规律,积极探索更有效、经济的污染测定技术和修复技术具有重要意义。

一、重金属植物修复技术概述

(一)土壤重金属污染现状、来源和危害

1.土壤重金属污染现状

目前,世界各国土壤存在不同程度的重金属污染,全世界平均每年排放Hg约1.5万t、Cu为340万t,Pb为500万t,Mn为1 500万t,Ni为100万t。例如,日本农田土壤总污染面积为7 030 hm²,主要受Cd、Cu、As等重金属污染。据1993年中国环境状况公报,我国工业废水排放量为219.5亿t,污灌污染农田面积为330万hm²。特别是Cd污染总面积已达133 331 hm²,如沈阳市张土灌区因污灌使2 533 hm²农田遭受Cd污染,其中严重污染面积占13%。江西大余县污灌引起Cd污染面积达5 500 hm²,青岛市2.7%~9%的农田土壤分别受到Cr、Hg、Cd、As、Pb、Cu、Zn等7种重金属的轻污染。新疆每年约有2 000 m³废水进入农业环境,全区污灌面积达2.56万hm²。因此,如何

调控、治理土壤重金属污染对农业持续发展就显得尤为重要。

2.土壤重金属污染来源

土壤是人类赖以生存的主要资源之一,因此人类的生产和生活是造成土壤污染的主要原因。土壤作为一个开放体系,每时每刻与环境中其他要素进行着物质和能量的交换,重金属便通过大气沉降、污水灌溉、农药和化肥的施用及固体废弃物排放等途径进入土壤。土壤重金属污染来源大体可以分为工业污染源、农业污染源和生物污染源。工业生产过程中排放的废气、废水、废渣是土壤中汞、铅、镉、砷等重金属污染的主要来源。在农业生产中,重金属可通过污水灌溉、污泥利用以及化肥、有机肥和农药的不合理施用等途径进入土壤。农业污染是土壤中汞、铬、砷、铜、镉、锌等重金属污染物的主要来源。在生物污染源中,主要由于生活污水和被污染的河水均含有各种致病的病原菌和寄生虫等,使用污水灌溉及垃圾作厩肥,使土壤遭受生物污染,甚至会造成疾病蔓延。

3.土壤重金属污染危害

土壤重金属污染具有毒性大、难降解和危害大的特点,是影响生态系统安全的重要污染物质,其中尤以镉、铅、铜、汞、锌及其复合污染为突出。土壤重金属污染危害包括对土壤、作物、人和动物的危害。土壤中高浓度的重金属对土壤理化性质及土壤生物学特性(尤其是土壤微生物)和微生物群落结构会产生不良影响,从而影响土壤生态结构和功能的稳定性。有学者通过核酸提取系统提取了重金属复合污染农田的 DNA 并进行了分析,得出重金属污染使农田土壤微生物群落结构发生多样化变化的结论。并且微生物在土壤受到重金属污染时为了维持生存需要更多的能量,其代谢活性随之会发生不同程度的反应。

作为微生物活性反应指标之一的代谢熵(qCO_2)可以反映单位生物量的微生物在单位时间里的呼吸作用强度,也有学者认为代谢熵是评价重金属微生物效应的敏感指标,它可以反映出土壤重金属污染程度。还有学者则证明了重金属污染对土壤微生物生物量的影响是很明显的。土壤重金属污染不仅会对作物产量及品质产生不良影响,而且通过食物链最终会影响到动物及人类健康。镉(Cd)是土壤中危害性比较大的重金属之一,世界各国对土壤重金属镉污染的治理及植物修复的报道较多。有学者通过试验发现镉污染不仅可降低玉米幼苗叶绿素的含量,而且能提高过氧化物酶的活性。我国一些地方的污灌区由于镉、铅污染严重,使种植的稻谷不能食用。有学者研究发现土壤农作物受镉污染导致产生"镉米"的地区,人食用"镉米"后,尿中镉含量增高,容易得风湿性关节炎、肾炎、溃疡病等疾病,癌症平均死亡率也会增加。人体内酶的正常活动受到镉的影响后,会造成贫血、高血压、骨痛病,其危害有时可达几十年。

(二)重金属的复合污染

1.土壤中重金属的种类和形态

重金属对农作物的毒害程度,首先取决于土壤中重金属的存在形态,其次才取决于该元素的数量。不同种类的重金属,由于其物理化学行为和生物有效性的差异,在土壤–农作物系统中的迁移转化规律明显不同。

重金属在土壤中的含量和植物吸收累积量:Cd、As 较易被植物吸收,Cu、Mn、Se、Zn 等次之,Co、Pb、Ni 难于被吸收,Cr 极难被吸收,Cd 是强积累性元素,而 Pb 的迁移性则相对较弱,Cr、Pb 是生物不易累积的元素。

相同的土壤类型对不同的重金属离子的吸附力明显不同,如砖红壤表面的吸附顺序是 $Cu^{2+}>Zn^{2+}>Co^{2+}>Ni^{2+}>Cd^{2+}$,红壤黏粒对 Co、Cu、Pb、Zn 的吸附强度为 $Co^{2+}>Cu^{2+}>Pb^{2+}>Zn^{2+}$。

从总量上看,随着土壤中重金属含量的增加,农作物体内各部分的累积量也相应增加。而不同形态的重金属在土壤中的转化能力不同,对农作物的生物有效性亦不同。按 Tessier 的连续提取法,重金属的存在形态可分为交换态、碳酸盐结合态、铁锰氧化物结合态、有机结合态和残渣态。交换态的重金属(包括溶解态的重金属)迁移能力最强,具有生物有效性,在有些研究中将其称为有效态。

2.重金属复合污染的表征

1)复合污染概念

真正的关于复合污染的研究开展于 20 世纪 70 年代。当时,Patterson 认为植物对某一金属元素的吸收是在其他金属元素相互作用下进行的,它们之间可以相互促进,也可以彼此抑制。复合污染(combined pollution)的概念是近年提出的,也称为相(交)互作用(interactive effect)。有学者使用了"复合污染"一词,也有学者使用了"联合毒性效应"(joint toxic effect)和"复合毒性效应"(combined toxic effect)的提法。

2)复合污染的表征方法

复合污染的表征,基本上是以 Bliss 提出的表征方法进行的,将多元素之间的相互作用分为以下 3 种形式:①加和作用(additive),可用 $\sum T = T_1 + T_2 + \cdots + T_n$ 表示;②拮抗作用(anatagonism),可用 $\sum T < T_1 + T_2 + \cdots + T_n$ 表示;③协同作用(syner-gism),可用 $\sum T > T_1 + T_2 + \cdots + T_n$,表示。其中 $\sum T$ 为复合污染综合效益;

$T_1, T_2, \cdots, T_n$ 为各种污染物单独污染效益。

Macnical 在植物组织内重金属的研究中提出了与之相似的表征方法,他认为两种元素的毒性效应还存在着独立作用(independent),即与共存元素无交互作用,以及 $\lg[A \times B]$ 和 $\lg[A+B]$ 两种加和形式的相互作用。有学者提出了若干元素在植物体、根内相互作用的形式图。在重金属复合污染中,目前主要有以下几种表征形式。

(1)Zn 当量。

有学者提出了"Zn 当量(ZE)"的概念,他们认为土壤中 Zn、Cu、Ni(有效态为 0.1 mol/L HCl 提取)对植物毒性的比为 1:2:8,故其综合影响又可以折算为相当于 Zn 的毒害浓度,ZE = $(\mathrm{Zn}^{2+}\ \mu g/g) + 2(\mathrm{Cu}^{2+}\ \mu g/g) + 8(\mathrm{Ni}^{2+}\ \mu g/g)$,并提出金属元素的总和不得超过原 pH 6.5 土壤 CEC 值的 5%,并依此计算了最高安全 Zn 当量(施入农田环境的各类重金属离子总量的最大值)。这种方法可以定量地得到 Zn、Cu、Ni 在土壤中的安全容纳量。实际上,美国国家环保局(EPA)在 1973 年就提出了污泥农田施用的控制标准,使用的也是 Zn 当量的概念。污泥施用总量[t(干重)/hm²] = 32 700×CECZn+2Cu+4Ni-200÷0.404,计算该土壤最大施用允许容量 $Q = \mathrm{ZE} \times 150$,并由此推出每年该土壤的最大污泥施用量 = $Q \times I_n \div \mathrm{ZE}$($n$ 为计划年限),该方法对于特定的 Zn、Cu、Ni 复合污染的表征具有较大的现实意义。

(2)毒性污染指数。

Macnicol 推荐使用毒性污染指数(TPI)来表征重金属在植物体内的复合毒性效应,表达式为

$$I = \sum_{i=1}^{n} \left[\frac{t_i - t_{xi}}{t_{ci} - t_{xi}} \right]_{ci} \tag{2-1}$$

式中　t_i——第 i 种元素的植物组织内的浓度;

　　　t_{xi}——第 i 种元素在植物组织内的阈值浓度(≥1/2 临界浓度上限);

　　　t_{ci}——第 i 种元素植物组织内的临界浓度。

(3)元素比。

这种表征方法适用于两种元素之间联合作用,在特定的污染组合研究中,以元素比表征很能说明这种联合作用的变化趋势,为污染的评价、控制提供有价值的信息。有学者在分析了许多资料后得出了土壤中正常 Zn/Cd 值为 180~12 000(平均 1 400)的结论。此后,人们还发现了自然界中具有一些固定 Zn/Cd 的现象,可见这种元素比之间具有一些相关现象。对土壤-水稻系统 Cd-Zn 复合污染进行了研究,结果发现,水稻生物产量与糙米中 Zn/Cd 有

一定相关关系,与复合污染的 Zn/Cd 有较高的相关性,而与单因子污染的 Zn/Cd 相关性较低,说明了用 Zn/Cd 值表征 Cd、Zn 复合污染的可能性。而且,在复合污染中,Zn 为 100 mg/kg 时,$r = 0.943\ 7$,而 Zn>200 mg/kg 时,$r = 0.920\ 4$,这也说明了在 Zn 加入浓度为 100 mg/kg 时,Zn、Cd 为协同作用使产量降低,而 Zn>200 mg/kg 时,Zn、Cd 为拮抗作用使产量增加,清楚地表明了复合污染元素之间的作用类型。有学者对玉米、大豆的研究表明,玉米籽实中 Zn/Cd 受土壤中 Zn/Cd 调控,而大豆却与 Zn/Cd 无关。因此,以元素比表征重金属复合污染有待进一步研究。

(4)离子冲量。

有学者推荐以"离子冲量"来评价重金属的复合污染效应共存离子浓度和氧化数有关的量,其定义为

$$I = \sum C_i^{1/n} \tag{2-2}$$

式中　C_i——每种离子的浓度,mmol/g;

　　　　n——每种金属离子的氧化数。

以此为基础的,评价植物、土壤的污染指数可表示为

$$植物(土壤)污染指数 = \frac{I_{微量} - I_0}{I_c - I_0} \tag{2-3}$$

式中　$I_{微量}$——植物体(土壤)内微量金属离子的冲量;

　　　　I_c——微量金属离子使植物中毒(表现为产量降低),植物(土壤)内临界离子冲量;

　　　　I_0——无毒栽培时,对照植物(土壤)的离子冲量。

有学者认为,该评价指标比单纯以现状测定值/环境标准值表示要好,因为它使污染地区和非污染地区污染指数的差距变大了,更便于比较或评价。土壤添加元素(Pb、Cd、Cu、Zn、Ni)、植物地上部、根的离子冲量及根/地上部的相对离子冲量对水稻产量作一元回归,发现均为显著负相关,以相对离子冲量相关最好,表明可用其来控制污染元素的总量,在对土壤-水稻体系中重金属(Pb、Cd、Ca、Zn)的迁移及其对水稻的影响的研究中发现,水稻产量除与稻草、糙米中离子冲量呈极显著相关外,还与土壤 DTPA 浸提态离子冲量显著相关,故也可以用于评价重金属的有效性。有学者对土壤中 Cu、Ni、Pb、Zn 的离子冲量和有效态离子冲量对大豆、水稻的相对产量进行了回归分析,也得出了有效态优于总量的结论。有学者在离子冲量的基础上,提出了以相对离子强度来定义土壤复合污染的指标,他定义离子强度为

$$I = k \sum_{i=1}^{n} C_i Z_i^2 \qquad (2\text{-}4)$$

式中　C_i——离子浓度,mmol/L;

　　　Z_i——离子的氧化数。

该方法由于综合了各种离子的综合影响,能比较客观地反映农业生态系统中重金属复合污染的综合效应,然而,相对离子强度仅考虑了各种污染物浓度及价态的影响,而未考虑不同金属在不同土壤环境中的行为和作物对不同重金属的敏感性,因此该方法还有待于进一步完善。所以,如果能解决在各种元素之间、不同浓度范围内各元素在离子冲量或离子强度中的加权问题,就能更好地表征重金属复合污染效应,为重金属污染、评价和控制打下基础。

(5)多元回归分析法。

该方法目前被广泛采用。主要研究若干种共存的污染重金属元素的各种存在形态(有效态、全量或其他形态)与作物某些指标(产量、生物量等)之间存在的相关关系。土壤中重金属污染的临界水平可以通过系列不同水平重金属的土壤对作物进行栽培,取其植物生长易受重金属抑制、毒害或可食部分组织重金属浓度达到食品卫生标准时的土壤,用选定方法测其有效浓度即为临界浓度,目前应用该种方法均采用产量下降 10% ~ 15%,或重金属含量达到食品卫生标准而计算出土壤中重金属的控制总量。这种方法对于土壤环境容量研究、农田生态环境中重金属的控制及污水污泥的合理施用具有较大的现实意义。

应当指出的是,考虑回归分析时,不能以产量或重金属含量等指标仅与共存元素进行回归分析,由于重金属之间的某些联合作用,因此考虑交互作用更为现实。当研究 Pb、Cd、Cu、Zn 复合污染时,在水稻吸收 Cd 模型中引入交互作用,效果较好。

$y = -3.91 - 0.008\,5(Pb) + 1.19(Cd) + 0.044(Cu) + 0.038(Zn)$

$r^2 = 0.76(P<0.001)$

$y = -0.32 - 0.000\,041(Pb \times Zn) + 0.008\,4(Cd \times Zn) + 0.000\,25(Cu \times Zn)$

$r^2 = 0.86(P<0.001)$

由此可知,研究重金属复合污染不应采取单因子变化,而应采用正交试验法更能说明问题。

(6)其他表征方法。

有学者在研究 Cd、Zn 复合污染对水稻影响时,提出了以下评价公式:

$$P_d = f\left[\frac{X_{Cd} + k_1 X_{Zn}}{k_2 y}\right] \tag{2-5}$$

式中　P_d——土壤-植物系统的污染严重程度；

　　　k_1、k_2——比例系数；

　　　y——水稻的生物产量；

　　　X_{Cd}、X_{Zn}——糙米中 Cd、Zn 含量。

式(2-5)应用于上述研究的最简式为

$$\begin{cases} I_c = (X_{Cd} + X_{Zn} - 20.0)/y & (X_{Cd} \geqslant 20 \text{ mg/kg}) \\ I_c = X_{Cd}/y & (X_{Cd} \geqslant 20 \text{ mg/kg}) \end{cases} \tag{2-6}$$

由此得出，$I_c \geqslant 3.586$ 时，Cd、Zn 复合污染趋于明显的结论。式(2-5)由于综合了生物产量、糙米内浓度的影响，因而对于作物受 Cd-Zn 复合污染的评价与表征具有较大意义。

3.重金属复合污染的生态效应

土壤重金属污染常常是两种或两种以上元素共同作用形成的复合污染，如污泥土地利用、污水灌溉等往往是多元素同时进入土填-植物系统。元素间的联合作用对作物的产量元素在作物体内的再分配有着至关重要的影响，同时，多元素的联合作用是一个相当复杂的过程，重金属的联合作用分为协同、竞争、加和、屏蔽和独立作用。Cd-Pb、Cd-Ca、Ca-Zn、Cd-As 复合污染对植株体内重金属积累的影响，不仅取决于元素的浓度，而且与作物部位及元素的组合有关，并不是单纯的加和或拮抗效应，多元素相互作用产生的生态效应受多种因素的影响，诸如作物的种类、元素的不同组合、元素浓度等，土壤中 Cd、Pb、Co、Zn、As 不同元素间复合污染对作物生长发育的影响、复合污染物的交互作用及生态效应具有十分重要的现实意义。两两元素之间的复合污染与重金属单元素污染对作物生长、发育、产量和籽实中污染物含量的影响是有所不同的，揭示复合污染及其生态效应机制，对评价环境质量及采取污染防治措施都具有重要的意义。

1)农作物对土壤中的重金属的富集规律

从农作物对重金属吸收富集的总趋势来看，土壤中重金属含量越高，农作物体内的重金属含量也越高，土壤中的有效态重金属含量越大，农作物籽实中的重金属含量越高。不同的作物由于生物学特性不同，对重金属的吸收积累量有明显的种间差异，一般顺序为豆类>小麦>水稻>玉米。重金属在农作物体内分布的一般规律为根>茎叶>壳>籽实。例如，Hg 在土壤-植物系统中的残留和吸收，结果表明，小麦各器官中 Hg 的吸收呈现为根>茎叶>麦粒的规律。

2）重金属在土壤剖面中的迁移转化规律

进入土壤中的重金属大部分被土壤颗粒所吸附,通过土壤柱淋溶试验,发现淋溶液中的 Hg、Cd、As、Pb 95%以上被土壤吸附。在土壤剖面中,重金属无论是其总量还是存在形态,均表现出明显的垂直分布规律。在张士灌区86.6%土壤中的 Cd 累积在 30 cm 以内的土层,尤以 0~5 cm、5~10 cm 内含量最高,即使在长期污灌条件下,也很少向下淋溶,从而使耕层成为重金属的富集层。土壤中的重金属有向根际土壤迁移的趋势,且根际土壤中重金属的有效态含量高于土体,主要是由于根系生理活动引起根-土界面微区环境变化,可能与植物根系的特性和分泌物有关。

3）复合污染对作物体内重金属吸收和迁移的影响

就元素本身的特性来看,Cd、Pb、As 为植物非必需元素,Cu、Zn 为植物生长发育过程中的必需元素。因此,作物不同部位对重金属的吸收也表现出差异。从吸收重金属污染物的表现来看,根部吸收较多,而向地上部迁移的量较少。进入土壤中的复合污染物由根吸收向作物体内运移,并在作物体内进行再分配。因此,作物不同部位对重金属的吸收也表现出差异。从吸收重金属污染物的表现来看,根部吸收较多,而向地上部迁移的量较少。进入土壤中的复合污染物由根吸收向作物体内运移,并在作物体内进行再分配。

通过根系吸收重金属并进行再分配,Cd 分别与 Pb、Cu、Zn 复合后根系分配量比单元素的分配量低,而茎叶、籽实分配量增加,说明复合污染后重金属易向地上部迁移。Cd-As 复合和 Cd 与 Pb、Cu、Zn 分别复合的分配结果恰好相反。与空白比较,单元素、复合元素根系分配量增加,而茎叶、籽实的分配量相对减少。作物吸收土壤中的重金属,大部分积累在根部,而向地上部的迁移量较少。

单元素与复合元素吸收系数比较而言,复合元素的迁移能力大于单元素的迁移能力,复合污染后促进了作物对重金属元素的吸收。5 种元素迁移能力比较表明,Zn、Ca 迁移能力强,Cu、As 次之,而 Pb 的迁移能力最弱,土壤吸持 5 种重金属的大小顺序为 Pb>As>Cu>Zn>Cd。复合污染处理株高要低于单元素处理的株高,两两元素复合协同作用可抑制作物体的生长,产量大小也受到相应的影响。两两元素复合协同作用结果表明,Ca-Zn、Ca-Cu、Cd-Pb、Cd-As 同时存在时,Cd 浓度一定时,随着 Pb、Cu、Zn、As 浓度的增加,作物体内 Cd 吸收量相应增加,Pb、Cu、Zn、As 的存在对吸收 Cd 表现为协同作用,当 Pb、Cu、Zn、As 浓度一定时,随着 Cd 含量的增加,根、茎叶 Pb、Cu、Zn 吸收量下降,而籽实吸收值增加。对 As 元素而言,根吸收量增加,茎叶、籽实吸收量下降,复合污染后,重金属的迁移能力强于单元素的迁移能力。5 种元素的迁移能力大小依次为 Zn>Cd>Cu>As>Pb。

4.重金属之间的联合作用

重金属复合污染的机制十分复杂,在复合污染状况下,影响重金属迁移转化的因素涉及污染物因素(包括污染物的种类、性质、浓度、比例及时序性)、环境因素(包括光、温度、pH、氧化还原条件等,以及生物种类、发育阶段及其所选指标等),在其他条件相同,仅考虑污染物的情况下,某一元素在农作物体内的积累,除元素本身性质的影响外,首先是环境中该元素的存在量,其次是共存元素的性质与浓度的影响。元素的联合作用分为协同、竞争、加和、屏蔽和独立等作用。

在土壤–植物系统中,重金属的复合效应使得重金属的迁移转化十分复杂,受试验条件和所选择重金属种类的差异,不同的学者得出的结论不尽相同。有的研究表明,活性硅能显著增加土壤对 Cd 的吸附量,而活性 Fe、Pb、Mn 含量的增加,将显著地减少土壤对 Cd 的吸附量。土壤中的 Zn 有促进水稻籽实累积 Cd 的功能,而 Cd 有抑制水稻籽实累积 Zn 的功能,高浓度 Pb 可抑制 Cd 向植物体迁移,有的研究发现在复合污染时,Pb、Cd、Zn 表现出一定的协同、拮抗等作用,Zn 增加了 Pb 在烟叶中的浓度。在重金属复合污染对小麦的影响研究中,发现随土壤中 As 浓度的增加,小麦体内的 Cu、Cd 含量增加;而土壤中 Pb 的增加,降低了 As 的生物活性,因为 As 与 Pb 能形成砷酸铅沉淀,整体考虑 Pb、Cd、Cu、As 的联合作用,4 种元素联合表现为屏蔽作用。

在重金属复合污染中,重金属浓度不同,复合效应亦不同。土壤中 Zn 的浓度不同,Cd、Zn 的联合作用亦不同,当土壤中 Zn 含量为 100 mg/kg 时,生物量因 Cd 增加而增加,Cd 与 Zn 之间存在协同效应;当 Zn 含量为 200 mg/kg 和 400 mg/kg 时,生物量随 Cd 增加而减少,Cd 与 Zn 之间存在拮抗效应。

1)土壤中的交互作用对土壤中元素化学行为的影响

重金属对养分在土壤中化学行为的影响是土壤重金属污染危害的一个重要方面,它是隐蔽的、长期的,也是导致土壤生产力下降的本质原因。

(1)养分的吸附与解吸作用。

土壤养分的吸附解吸过程在某些养分的生物有效性方面起着重要作用。K 吸附动力学研究发现,添加 Cu、Cd 明显地降低了土壤对 K 的吸附,添加量越高,降低程度越大。而且 Cu 对 K 吸附的抑制作用大于 Cd。K 的缓冲容量也因 Cu、Cd 加入量增加而下降,其下降率分别为 20%~32% 和 7%~20%。

（2）养分的形态与转化。

元素在土壤中的存在形态及其转化与多种因素有关，当其他条件不变时，外加某物质必将对其产生影响。据报道，加入重金属（Cu、Zn、Cd、Ni）的硫酸盐，使土壤中 Al、P、Fe 含量下降，但其机制尚不清楚。

（3）养分的迁移性。

养分的迁移性既反映其向植物体的转移性（生物有效性），也表征其在土壤剖面中的垂直移动性。Cu、Cd 的加入引起土壤溶液中 K、Mg 和 Ca 的活度增加，且可提取态 K、Mg 也有增加，Cu 的这一影响比 Cd 大。重金属污染后引起土壤中 Ca、Mg、K 下移。然而研究发现，土壤受重金属 Cu、Ni、Pb、Zn 等污染后，P 的可提取性明显低于未受污染的土壤，表明重金属污染导致土壤对阳离子养分的保持力减弱。淋溶增加，而使 P 的有效性降低。

2）养分对重金属在土壤中化学行为的影响

（1）金属的吸附与解吸作用。

交换性 Ca、Mg 离子明显降低土壤对 Zn、Cu 的吸附，而且 Zn 吸附降低率大于 Cu，K 离子对 Zn、Cu 吸附影响甚微，土壤对 Cu、Cd 的吸附作用也因 P 的施用而减少。Ca^{2+}、Mg^{2+}不仅使红壤 Cd 吸持量降低，而且解吸量增加。据报道，施 P 使富含氧化物的可变电荷土壤对 Zn、Cu 的吸附增加，而使恒电荷土壤对 Zn 的吸附降低，所以 P 对重金属行为的影响与土壤性质关系甚大，有待于进一步研究。

（2）复合污染下 Cd 化学行为的影响。

在土壤-植物体系中，元素迁移与土壤对元素的吸附有着十分密切的关系，针对草甸棕壤 Cd、Pb、Cu、Zn、As 元素相互作用及其对吸附解吸特性研究，该土壤对元素吸附量大小顺序为 Cd>Zn>Cu>As>Pb，而吸持能力大小顺序为 Pb>As>Cu>Zn>Cd。共存元素对 Cd 吸附和解吸均有影响，Pb、Cu、Zn、As 浓度增大有利于土壤 Cd 的解吸，有 70%以上的吸附 Cd 可以被解吸液解吸下来，进入土壤溶液。至于复合污染下植物吸收 Cd 的影响，Cd-Pb 交互作用，Pb 可能会夺取 Cd 在土壤中的吸附位而提高土壤中 Cd 的有效性或者取代根中吸附的 Cd，促进根中滞留的 Cd 的活性，而进一步向茎叶中迁移。水培研究结果表明，当 Cd-Zn 离子共存时，Zn 有促进 Cd 向地上部分转移的作用。

（三）重金属在土壤中的化学行为

重金属元素进入土壤后与土壤中的有机物、微生物及矿物质发生复杂的生物、物理、化学作用，表现出各种特殊的环境化学特性。其中所涉及的重金属元素是指 Cu、Pb、Zn、Cd、Hg、Cr、Se、Mn 等，它们在土壤中的形态分布、迁移转化、富集累积因自身的化学性质及土壤性质和作物的差异而具有特性。

1.形态分布与迁移转化

重金属在土壤中的形态是其所处能量状态的反映。重金属与土壤中的其他物质结合而以一定的形态存在,它的迁移与传输就是在一定的形态下进行的。当重金属进入土壤后与土壤中的矿物质(主要是黏土矿物和硅酸盐矿物)、有机物(主要是植物生理代谢的产物,如腐植酸等)及微生物发生吸附、络合和矿化作用,伴随着能量的变化,导致重金属元素的赋存形式改变及时空迁移变化。重金属元素 Cu、Pb、Zn、Cd、Cr 在土壤中主要以可溶态、可交换态、碳酸盐态、铁锰氧化态、有机态及残渣态的形态存在。土壤本底中不同重金属的形态分布的百分比不同。当外源重金属进入土壤之后,其形态会不断地发生转化。可溶态重金属进入土壤后转化为可交换态,其浓度迅速下降;交换态和碳酸盐态重金属先微弱上升,然后迅速下降;铁锰氧化态重金属先上升,达到最大值,然后迅速下降,之后又微弱上升;有机态重金属不断上升;残渣态重金属或变化不大,或先上升后逐步稳定。水稻田中的重金属主要是以铁锰氧化态、有机态及残渣态进行积累。这种重金属形态的转化主要受植物的生理生长情况、土壤类别及作物种类影响,并伴随着迁移性和生物有效性的变化。研究表明,可溶态和可交换态重金属生物有效性最强,重金属形态在土壤中存在着一个向碳酸盐态、铁锰氧化态等形态转化的过程;同时,土壤中作物根的分泌物不断溶解碳酸盐态、铁锰氧化态重金属,使金属的迁移性和有效性增强。

土壤中的 Hg 主要以金属 Hg、无机化合态 Hg 和有机化合态 Hg 的形式存在;有机化合态 Hg 主要是有机 Hg(甲基 Hg 和乙基 Hg 等)和有机络合态的 Hg,且有机 Hg 中的甲基 Hg 易被植物吸收;土壤中的无机 Hg 则很难被吸收;进入土壤中的 Hg 除一部分能被土壤迅速吸附或固定外,还有一部分可通过土壤侵蚀、淋溶、植物吸收及元素 Hg 的形式发生水、气、生物迁移。重金属元素进入农田生态系统后,Pb、Cd、Hg 大部分积累于耕作层土壤,易被作物吸收,很难向包气带迁移;而 Cr 等则部分积累于耕作层,其余部分向包气带和含水层迁移,有可能污染地下水。如图 2-1 所示,进入土壤的重金属在土壤-作物系统中的迁移转化不仅受重金属形态的影响,还受灌溉水质、土壤性质、作物根系性质等的影响。

2.根际环境重金属化学行为研究

根际环境(rhizosphere)是指与植物根系发生紧密相互作用的土壤微域环境,是植物在其生长、吸收、分泌过程中形成的物理、化学、生物学性质不同于

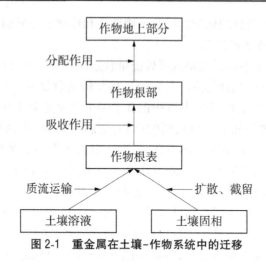

图 2-1　重金属在土壤-作物系统中的迁移

土体的、复杂的、动态的微型生态系统。从环境科学角度来说,根际环境是重要的环境界面,因而成为当前土壤与环境科学研究中的一个热点。

根际环境由于植物根系分泌作用的存在致使其 pH、Eh、微生物等组成一个有异于非根际的特殊生境,根系分泌物、根际微生物间存在着复杂的相互关系。采用 ^{14}C 连续标记研究表明,植物光合产物的 40% 以上通过根释放到土壤,这一过程也称为根际沉降(rhizo-deposition),这些供微生物代谢利用的根系分泌物,包括自由生活的微生物及其与植物共生的根瘤菌和菌根真菌。已有资料证明,根系分泌物会影响土壤中微生物的数量及群落组成,群落特征也随着根系分泌物的类型而变化,根际环境中的细菌密度比非根际土壤通常大 2~4 个数量级,并表现出范围更广泛的代谢活性。植物根系分泌物明显影响根际微生物群落结构,根系分泌物中的有机成分是引起根际新的细菌群落发展的潜在机制。

重金属在根际环境中的地球化学形态通常划分为五态,即可交换态、碳酸盐结合态、铁锰氧化物结合态、有机物结合态和残渣态。由于植物根系的存在,Zn、Pb、Cu 等在根际沉积物中主要分布于残渣态中,而在非根际沉积物中,它们主要以几种可迁移的化学形态存在。菌根环境对土壤中交换态和有机结合态有较大的影响;与非菌根相比较,其必需元素 Cu、Zn 交换态含量增加,非必需元素 Cd 交换态含量减少;同时,Cu、Zn、Pb 的有机结合态的含量在菌根际中都高于非根际。水稻根际有机结合态 Cd 远远大于非根际;高浓度 Cd 处理条件下,由于根际中铁锰氧化物结合态几乎为非根际的 2 倍,根际可能存在交换态、碳酸盐结合态向铁锰氧化物结合态转化的机制。

根系活动能活化根际中的重金属,促进其生物有效性。研究结果表明,随着小麦根际的酸化或碱化,根际 Cd 的可提取性相应增加或减少,说明根际 pH 的变化在一定程度上调节着植物对重金属的吸收。不同土壤类型,其根际土对重金属的吸附-解吸特征不同,土壤 pH 对其产生明显的影响。随着黄棕壤根际 pH 的提高,或红壤根际 pH 的下降,根际土壤对 Cd 的吸附亦相应地增强或减弱,解吸则相反。根际环境中的氧化还原电势与溶解氧水平不同于非根际,因而使一些变价重金属如 Cr、Hg、As 等发生氧化还原反应,由于不同价态离子的生理生态毒性不同,研究变价重金属离子在根际环境中的氧化还原反应显得非常重要。在细菌作用下的氧化还原是很有潜力的有毒废物的生物修复系统,例如,土壤细菌对无机汞与有机汞化合物的还原与挥发,铬酸盐的还原与亚砷酸盐的氧化。有些真菌也有氧化还原重金属的能力。

根际微生物的分泌物可与金属离子发生络合作用。根际微生物与重金属具有很强的亲和性,有毒金属可储存在细胞的不同部位或被结合到胞外基质上,通过代谢过程,这些离子可被沉淀或被整合在可溶或不溶性生物多聚物上。根系分泌物各组分(黏胶、高分子、低分子分泌物)均可与重金属发生络合作用,高分子与低分子的络合物可能有助于重金属向根表的迁移,而黏胶包裹在根尖表面,可认为是重金属向根迁移的"过滤器"。一般来讲,有机小分子促进 Zn、Cd 等重金属的移动性,研究发现,植物根系使重金属污染土壤中的 Zn、Cd 等在土壤渗滤液中浓度升高,而对 Pb 的影响不大。

3.作物分布及生理生态效应

重金属元素进入土壤以后,只有具有迁移性的可溶态和可交换态具有生物有效性,并在物体内运输和重新分布,与植物体内的特定物质反应,从而引起相应的生理生态效应,表现出一定的器官选择性、生长适应性和种属特异性。研究高岭矿,Cu、Zn 废弃尾矿堆数的植物分布时发现,两矿含有 Cu、Zn、Cr、Mn 等重金属元素,高岭土矿土仅生长狼把草,偶见一些金狗草,Cu、Zn 废弃尾矿上仅生柔枝莠竹和稗草两种植物,尾矿堆积区植物种类少、长势弱,说明这些重金属元素能抑制植物生长从而形成了植物的选择生长;这些元素进入植物体内主要分布在植物的地下部分,狼把草主要累积 Zn、Mn,柔枝莠竹则可富积 Zn、Cu、Mn 等。研究 U 冶炼厂附近水稻、白菜、茶叶及柑橘食用部分中重金属含量时发现,Mn、Cd、Cr、Pb 在四种作物中的含量及生物学转移参数具有种属性差异。研究 Cr 污染对植物生长影响时发现,Cr 能抑制乔木生长,而对车前、地肤等野生植物能形成超量累积选择性生长,Cr 在这些植物根部的含量与其在土壤中的浓度显著相关。

重金属元素在作物中的分布累积具有剂量-效应关系和组织器官差异性;低剂量时累积系数高,相反,高剂量时累积系数低,但累积的绝对量随剂量的增大而增大。大多数作物不同器官含量水平差异大,通常是根>茎叶>籽实。多种重金属元素共存于土壤-植物系统时还会表现出一定的协同、拮抗效应,与土壤中植物根系分泌物、微生物及其分泌物等造成的土壤溶液中重金属元素的生物有效迁移态有关,农作物中 Pb 的含量具有种属差异性,并且有的农作物茎叶中 Pb 的含量高于根,而有些农作物根中 Pb 的含量高于茎叶。此外,还发现低浓度的 Pb 能促进植物的正常生长,作物茎叶内硝酸还原酶活性、可溶性糖含量、叶绿素含量均有不同程度的增加,但随着 Pb 离子浓度的增加,其促进作用变为抑制作用,高浓度的 Pb 严重阻碍作物的生理活动。从细胞和器官水平研究药用植物中 Pb 的形态和分布,结果发现,Pb 的形态和分布规律与其在植物体内的迁移过程有关,与体内的细胞壁、维管壁、蛋白质、多肽、有机酸及无机离子的化学反应有关。研究还发现,蚯蚓能富集 Se 和 Cu 元素,可以将蚯蚓用作土壤重金属的监测指示物。

(四)土壤环境重金属污染的特征

1.重金属在土壤环境中的空间分布特征

重金属作为构成地壳的元素,多赋存于各种矿物与岩石中,其含量大都低于 0.1%,属微量元素,经过岩石风化、火山喷发、大气降尘、水流冲刷及生物摄取等过程,构成其在自然环境中的迁移循环,并在土壤环境中积累。此外,成土母岩、母质、成土过程等因素存在空间分异的特征,重金属在土壤环境中的背景值也存在着空间分异的特征。

2.重金属污染的化学特性

重金属多属于过渡元素,具有独特的电子层结构,使其在土壤环境中的化学行为具有以下特点:

(1)过渡元素有可变价态,能在一定幅度内发生氧化还原反应。同时,同一种重金属的价态不同,呈现的活性和毒性也差异很大。

(2)重金属在土壤环境中易发生水解反应,生成氢氧化物,也可以与土壤中的 H_2S、H_2CO_3、H_3PO_4 等反应生成硫化物、碳酸盐、磷酸盐等,这类化合物多属于难溶物质,在土壤中不易发生迁移,使重金属的污染危害范围变化小,但使其污染区域内危害周期变长,危害程度加大。例如,堆放城市工业和生活固体废弃物的城郊垃圾场、利用工业污水进行农业灌溉的农场等都呈现这种重金属的污染特征。

(3)重金属作为中心离子能接受多种阴离子和简单分子的独对电子,生成配位络合物;并且还可以与部分大分子有机物如腐植酸、蛋白质等生成螯合物。难溶性的重金属盐形成络合物、螯合物后,其在水中的溶解度可能变大,在土壤中易发生迁移,增大污染危害范围。

(五)重金属对土壤生化过程的影响

1.重金属对土壤有机残落物降解作用的影响

土壤有机残落物的降解主要是通过土壤有机质矿化,土壤有机物氨化、硝化与反硝化等作用完成的。相当多种类的重金属能抑制土壤有机残落物的降解,如 Cr 能抑制土壤纤维素的分解,当 Cr 浓度大于 40 mg/kg 时,纤维分解在短时间内全部受到抑制。Cr 的价态不同,毒性差别较大,Cr^{6+} 的毒性大于 Cr^{3+}。

2.重金属对土壤呼吸代谢的影响

土壤中的重金属对土壤呼吸强度有一定的抑制作用,其中 As 对呼吸抑制作用最强。研究证明,土壤呼吸作用强弱意味着该土壤系统代谢旺盛与否。呼吸作用的强弱与微生物数量有关,也与土壤有机质水平、N 和 P 的转化强度、pH、中间代谢产物等因素有关。

3.重金属对土壤氨化和硝化作用的影响

土壤中的重金属能抑制土壤的氨化和硝化作用。试验表明,土壤中 Cd 的浓度越高,土壤氨化和硝化作用越弱。当 Cd 加入量达 30 mg/kg 时,对硝化作用有显著抑制作用,当 Cd 加入量达 100 mg/kg 时,对氨化作用才有显著抑制效应。

(六)有毒重金属在土壤中的迁移转化及其危害

1.Cd 元素

Cd 随污水灌溉或污泥进入土壤中,被土壤吸附的 Cd 一般在 0~15 cm 的土壤表层积累,15 cm 以下显著减少。Cd 在土壤中的存在形式,一般当 pH<8 时为简单的 Cd^{2+},当 pH=8 时,开始生成 $Cd(OH)^+$,土壤对 Cd 的吸附力较强;当 pH=6 时,大多数土壤对 Cd 的吸附率在 80%~95%。

Cd 是作物生长的非必需元素,并易为作物所吸收,植物体内的 Cd 含量与土壤中的 Cd 含量呈正相关性。土壤中过量的 Cd,不仅能在植物体内残留,而且会对植物的生长发育产生明显的毒害,Cd 破坏叶片的叶绿素结构,降低叶绿素含量,使叶片发黄,生长缓慢,植株矮小,根系受到抑制,作物生长受阻,产量降低。进入植物体内的 Cd 很容易通过食物链进入人体内,危害人体健康。如 Cd 污染引起的疼痛病,就是因为食用含 Cd 废水灌溉的稻米。

2.Pb 元素

土壤中的 Pb 主要以 $Pb(OH)_2$、$PbCO_3$、$Pb_3(PO_4)_2$ 等难溶形式存在,在土壤溶液中可溶性 Pb 含量极低,进入土壤中的 Pb 主要积累在土壤表层。土壤中的 Pb 较容易被有机质和黏土矿物所吸附,其吸附强度与有机质含量呈正相关。

土壤 pH 对 Pb 在土壤中的存在形态影响较大,当土壤呈酸性时,土壤中固定的 Pb,尤其是 $PbCO_3$ 容易释放出来,使土壤中水溶性 Pb 含量增加,可促进土壤中 Pb 的迁移。作物从土壤中吸收的 Pb 主要是土壤溶液中的 Pb^{2+},作物吸收的 Pb 绝大部分积累于根部,而向茎叶、籽实中迁移的量很少。Pb 在植物组织中的累积可导致氧化过程、光合过程和脂肪代谢过程强度减弱。另外,Pb 可使水的吸收量减少,耗氧量增大,阻碍植物生长,甚至引起植物死亡。当动物食用 Pb 含量为 3 mg/kg(按干重计)的饲料时,在其组织中就会有 Pb 积累。Pb 毒害影响在动物身体上表现最为严重,因为 Pb 长时间停留在胃内,从而提高其吸收量。因此,对于动物和人来说,Pb 是一种危害很大的蓄积性有毒元素。

3.As 元素

As 主要以正三价态和五价态存在于土壤中。水溶性部分多以 AsO_4^{3-}、AsO_3^{3-} 等阴离子形式存在,一般只占总 As 的 5%~10%。这是因为进入土壤中的水溶性 As 很容易与土壤中的 Fe^{3+}、Al^{3+}、Ca^{2+}、Mg^{2+} 等形成难溶性的 As 化合物。土壤中的 As 大部分与土壤胶体结合,呈吸附状态。

As 是植物强烈吸收积累的元素。植物对 As 的吸收量取决于土壤中的 As 量,作物吸收的 As 部分积累在根部,其次是茎叶,籽实中的含量最少。说明作物从土壤中吸收的 As 大部分积累在根和茎叶等生长部位,向营养物质储藏器官种子转移得很少,土壤中 As 含量达到有害浓度时,对作物的生长产生危害。As 中毒阻碍作物生长的症状首先表现在叶片上,受害叶片脱落,其次是根部生长受到阻碍,致使植物的生长发育受到显著抑制。

4.Hg 元素

土壤中的 Hg 按其化学形态可分为金属 Hg、无机化合态 Hg 和有机化合态 Hg。在各种 Hg 化合物中,以烷基 Hg 化合物(如甲基 Hg、乙基 Hg)的毒性最强。Hg 进入土壤后,95%以上能迅速被土壤固定。一般土壤中腐殖质含量越高,土壤吸附 Hg 的能力越强。当土壤有机质增加 1%时,Hg 的固定率可提高 30%。土壤中 Hg 的化合物可转化成甲基 Hg。Hg 的甲基化速度和土壤温度、湿度、质地有关。一般在水分较多、质地黏重的土壤中,甲基 Hg 的含量比水分少而沙性的土壤多。

Hg 是危害作物生长的元素。在土壤中含 Hg 过量时,不但能在作物体内积累,还会对作物产生毒害。作物的不同部位对 Hg 积累的量不同,一般是根>茎叶>籽实。土壤中的甲基 Hg 通过吸收、迁移而进入各种农作物,在肉类、蛋类中积累,食用后进入人体造成危害。

5.Cr 元素

Cr 在植物体内的迁移能力比 Hg、Cd 弱得多。Cr 几乎在所有生物中都微量存在,对动物和人来说,Cr 是必需的微量元素。植物体中 Cr 的一般含量为 $0.01 \sim 1$ mg/kg。当土壤环境中 Cr 超过一定含量时,则对植物产生危害。高浓度的 Cr 对植物产生严重的毒害作用,抑制植物的正常生长发育。土培的水稻若用 5 mg/L 的铬溶液灌溉,对生长发育无影响;用 10 mg/L 的铬溶液灌溉,生长稍受影响;用 25 mg/L 的铬溶液灌溉,出现叶鞘灰绿色,细胞组织开始溃烂,生长受到严重影响;用 50 mg/L 的铬溶液灌溉,叶片枯黄,叶鞘发黑腐烂,水稻生长受到严重危害。

(七)植物修复技术的研究方向

1.植物提取

植物提取最早是由 Chaney 提出来的,它是指利用一些对重金属具有较强富集能力的特殊植物从土壤中吸取重金属,将其转移、贮存到地上部并通过收获植物地上部而去除土壤中污染物的一种方法。该方法适用于从污染的土壤中去除如 Pb、Cd、Ni、Cu、Cr、V 或土壤中过量的营养物质如 NH_4NO_3 等。植物提取是目前研究最多、最有发展前景的解决重金属污染的技术。植物提取法的关键是寻找一些超积累植物。这些超积累植物需能从土壤中吸取、在体内积累高浓度的污染物;能同时积累多种重金属;生长快、生物量大;抗病能力强。据报道,现已发现 Cd、Co、Cu、Pb、Ni、Se、Mn、Zn 超积累植物有 45 科 500余种,其中 73% 为 Ni 的超积累植物。近年来,各国科学家们对利用这种植物修复 Zn、Pb、Cd 和 Ni 污染土壤表现出浓厚的研究和开发兴趣。美国、澳大利亚和东南亚的一些国家都启动了超积累植物积累金属生理生化机制、金属吸收效率和农艺管理等方面的研究项目。

2.植物挥发

植物挥发是利用植物根系分泌的一些特殊物质或微生物使土壤中的污染物(主要是 Hg、Se、As)吸收到植物体内后转化为气态物质,挥发出土壤和植物表面,释放到大气中[如烟草能使毒性大的 Hg^{2+} 转化为毒性小得多、可挥发的单质汞 Hg(0)]。海藻能吸收并挥发砷,其机制是把(CH₃)₂AsO₂ 挥发出体外。洋麻可以使土壤中47%的三价硒转化为可挥发态的甲基硒挥发去除,从而降低硒对土壤生态系统的毒性。也有研究表明,可利用转基因植物降解物毒性汞,即运用分子生物学技术将细菌体内的抗性基因(汞还原酶基因)转导到植物(如烟草和郁金香)中,进行植物污染的修复。但植物挥发法将污染物转移到大气中,对人类和生物具有一定的风险,采用此法时其污染物向大气挥发的速度应以不构成生态危害为限。

3.植物固定

植物固定指利用植物吸收和植物根际的一些特殊物质使土壤中的大量有毒金属转化为相对无害的物质,从而降低土壤中有毒金属的移动性、生物有效性,减少金属被淋滤到地下水或通过空气扩散进一步污染环境的可能性,使其不能为生物所利用的一种方法。其中包括分解、沉淀、螯合、氧化还原等多种过程。植物固定只是一种原位降低污染元素生物有效性的途径,而非一种永久性的去除土壤中污染元素的方法。而且重金属的生物有效性随环境条件的变化而发生变化,所以该法在应用中受到一定的限制。

4.植物过滤

植物过滤是利用植物庞大的根系过滤吸收、富集水体中重金属元素的过程。目前,用于植物过滤的植物有向日葵、印度芥菜、宽叶香蒲及烟草等。根系过滤主要用于重金属污染的土壤,也可以是放射性核素如 U、Cs 或 Sr 污染的水体。

二、超富集植物对土壤重金属污染的修复

(一)超富集植物的定义

植物萃取成败的关键是找到合适的重金属超富集植物。超富集植物这一术语,最先出现于 Jffre 等在 *Science* 上发表的文章 "*Seberia acumi-nate: A hyperacumulator of nickel from New Caledonia*" 中,以描述某种反常大量富集金属的植物。随后,Brooks 等对 Ni 超富集植物提出了一个定量化的评价标准:植物干叶片组织中 Ni 含量超过 1 000 mg/kg 的植物。Reeves 给出了一个更精确化的定义:在自然植物生长地上,至少一个样本地上部任何组织 Ni 含量达到 1 000 mg/kg(干重)的植物。

这个定义表明,超富集植物的标准不应该根据整株植物或根部的金属含量确定,在很大程度上因为难以保证样品不受土壤污染(如根部不易清洗干净),而且与将金属固定在根部而不能进一步向上转运的植物相比,主动富集

金属到地上部各组织中的植物更能引起人们的兴趣。这个详细的定义还澄清了以下问题：①某种植物一些样本超过 1 000 mg/kg，而另一些小于 1 000 mg/kg（干重）；②除叶片外（如乳汁）的植物组织含有高含量金属；③在人为条件下（如通过添加大量金属盐到试验土壤或营养液中），某种植物吸收高含量的金属。Reeves 等认为，能称为"超富集植物"的是上述第①、第②两种情况，不是第③种。因为在第③种情况下，"被迫的"金属吸收可能导致植物死亡而不能像自然种群一样完成生命周期。Kohl 等也认为，对于真正的超富集植物，在非抑制生长的环境，其地上部金属含量超过规定的浓度阈值是非常重要的。可见，他们很重视"自然生长地"和"植物健康生长"这两个重要环节。

对于超富集植物，除地上部要达到所要求的特征外，有人提出需要考虑以下两个系数：一是富集系数，即植物体金属含量与土壤含量之比，以表征植物从土壤中去除金属的有效性；另一个是转运系数，即植物地上部金属含量与根部含量之比，以显示根部吸收的金属向地上部的转运能力。他们认为这两个系数均大于 1 并且地上部 As 含量达到 1 000 mg/kg 的植物，才是重金属超富集植物。

最先定义超富集植物是从 Ni 开始的，后来，其他金属的超富集特征阈值也相继给出。现在普遍认为 Ni、Cu、Pb、Co 和 Cr 为 100 m/kg（干重），Zn 和 Mn 为 10 000 g/g（干重），Cd 和 Se 为 100 mg/kg（干重），Hg 为 10 mg/kg（干重），Au 为 1 mg/kg（干重）。这些阈值基本上是正常非超富集植物地上部相应金属含量的 100 倍以上。截至目前，全世界共报道了 500 余种分属 101 科的超富集植物，包括菊科、十字花科、石竹科、水青冈科、刺篱木科、唇形科、禾本科和大戟科。我国发现的主要重金属超富集植物如表 2-1 所示。

（二）超富集植物吸收富集重金属的机制

有关超富集植物吸收富集重金属的机制仍不清楚。在重金属胁迫下，植物根系分泌的低分子量有机酸如柠檬酸、苹果酸可与重金属结合，降低重金属对植物的毒性，促进植物对重金属的吸收。有学者发现超富集植物遏蓝菜属和非超富集植物地上部柠檬酸和苹果酸含量相近，不同浓度的 Zn 处理对两种植物的苹果酸和柠檬酸含量影响也不显著，因此并不能认为柠檬酸和苹果酸在超富集植物中扮演特殊的作用。有学者发现超富集植物与组氨酸具有特殊的关系，营养液培养显示当植物吸收富集重金属较高时，其木质素中的组氨酸含量也高；而在营养液中加入组氨酸也能显著促进植物对重金属的吸收富集。有关超富集植物的耐性与富集机制则研究较多，结论普遍认为超富集植物的耐性与超富集由植物本身不同的生理机制所控制。超富集植物超量吸收富集

表 2-1 目前我国发现的主要重金属超富集植物

植物名	超富集元素
蜈蚣草	砷
东南景天	锌/铅
大叶井口边草	砷
商陆	锰
宝山堇菜	镉
龙葵	镉
绿叶苋菜、紫穗槐、羽叶鬼针草	铅
土荆芥	铅
圆锥南芥	铅/锌/镉
续断菊	铅/锌
岩生紫堇	锌/镉
井栏边草、斜羽凤尾蕨、金钗凤尾蕨、紫轴凤尾蕨	砷
滇白前	铅/锌/镉
金银花	镉

重金属与其根部细胞具有与重金属较多的结合位点有关,而耐性则是与重金属在植物细胞中分布的区域化相关,即重金属存在于细胞壁和液泡中,从而降低其毒性。

目前发现的超富集植物均为在野外矿山开采或冶炼区发现的品种,一般土壤介质中的重金属含量较高,尽管植物地上部含量可以达到一定高的含量,但其生物富集系数(植物地上部重金属含量与土壤重金属含量的比值)并不大,大多数研究也都忽略了对生物富集系数的探讨。实际上,通过一些野生植物品种的人工驯化栽培,配合添加土壤改良剂,可显著提高植物对重金属的吸收富集能力,这些人工驯化成功的植物也可以称为超富集植物。因此,应特别注意对野外发现的一些重金属耐性强、生长快、生物量大并有一定的重金属富集能力植物的筛选、引种培育和综合试验工作,而不能仅把范围缩小在少数富集能力特别高,但往往生物量都很小的一些植物上。

目前的植物修复试验基本上还处于摸索阶段,大规模的工程应用较少。

试验研究主要分为营养液培养试验和盆栽试验。

（三）影响超富集植物吸收富集重金属的因素

1.物理化学因素

不同土壤类型上的超富集植物吸收 Ni 能力不同,发育于砂岩、花岗岩土壤上的植物吸收 Ni 的能力低,而发育于超基性岩土壤上的植物吸收 Ni 的能力高。通常,植物根系周围土壤溶液中的重金属含量是影响重金属生物有效性的重要因素之一,而其含量大小受重金属在土壤中的吸附–解吸、沉淀–溶解和氧化–还原平衡的控制。土壤 pH 变化显著影响耐重金属植物对重金属的吸收,在不同 pH 处理的受 Zn、Cd 污染的花园和山地土壤盆栽试验中,吸收 Zn、Cd 量的大小随土壤 pH 下降而增加。

2.营养元素

一般植物受重金属胁迫可导致对 Ca、P 吸收的抑制,野外发现的重金属耐性植物或超富集植物具有耐重金属、耐贫瘠、耐干旱等多种特征。作者发现的超富集蕨类植物对 As 有异常强的吸收富集能力,这是传统植物营养与植物生理学所无法解释的现象,因此从理论上开展这种植物对 As 的吸收富集机制研究具有重要意义。As 和 P 具有相似的化学特性,研究表明,As 干扰植物对 P 的代谢途径,As 胁迫可导致植物对 P 吸收通道的关闭。有学者发现耐 Cd 的甜菜与胡萝卜在对营养元素的吸收上呈现两种不同的特征,即耐 Cd 的甜菜往往对 Ca、Mg、Zn、Fe 元素的吸收量大,而胡萝卜则相反。研究发现重金属 Cd 能与植物蛋白质结合形成特殊的 Cd 蛋白,据此提出了基于肽重金属结合相的植物吸收运移与富集重金属的假说,但这种假说还有待于试验的验证;同时,迄今为止尚未发现其他重金属元素蛋白,因此这种假说的普适性也有待于检验。

3.重金属形态

重金属的吸附–解吸、溶解–沉淀和氧化–还原平衡决定着土壤溶液中重金属的含量变化。在一定条件下,呈吸附态和沉淀态的重金属可以在土壤水溶液之间相互交换,一般降低 pH,可使呈吸附态的重金属解吸释放进入土壤溶液中,从而增加植物对重金属的吸收。但有学者指出,Pb、Ni、Cu 在土壤中常以专性吸附态形式存在,而 Zn 则较多以非专性吸附态存在,因此降低 pH 并不能有效地增加植物对 Pb、Ni、Cu 的吸收。增加土壤有机质含量也可使部分呈沉淀状态的重金属与柠檬酸和苹果酸络合,转化为有机吸附态被植物吸收利用。As 的情况则完全相反,As 在土壤中以阴离子形式存在,增加 pH 将使土壤颗粒表面的负电荷增多,从而减弱 As 在土壤颗粒上的吸附作用,增大土壤溶液中的 As 含量,植物对 As 的吸收增加。对于不同重金属,植物吸收与土壤重金属总量及可交换态含量有不同的相关关系。较高和较低浓度下,天蓝遏蓝菜吸收 Zn 与土壤总量及交换态 Zn 量均不相关;吸收 Pb 的量与总 Pb 量呈正相关,与交换态 Pb 量不相关;而吸收 Cd 的量与总量及可交换态均呈正相关。植物对 Cd 的敏感性可能是由于 Cd 在土壤中主要以可交换态及有机质结合态形式存在,其结合力较弱,因而 Cd 容易释放到土壤溶液中,从而增加了土壤中的生物有效态 Cd 的含量。

(四)植物修复技术未来的发展趋势

随着人们日常生活水平的不断提高,科技发展日新月异的今天,土壤重金属的来源更加趋于多样化、综合化。加上最近几年接连不断暴发的食品安全问题,人们对食品安全也越来越重视,对于人们赖以生存的物质基础——土壤的污染问题更加重视。虽然土壤重金属污染的植物修复有其局限性,但其费用较低、收效显著,具有较高的研究和实用价值,已成为世界科学研究和技术开发的前沿。本书对土壤重金属植物修复技术的未来发展趋势进行了展望。

1.寻找合适的重金属富集植物

目前能应用到工程化修复的超累积植物数量十分有限,所以寻找、筛选自然界中存在的超富集植物是当前植物修复研究的一项重要任务。特别是生物量大、生长比较快的植物,将是今后一段时期内的研究重点。对此我们可以充分利用中国具有广袤的国土面积和复杂多样的植物类型的有利条件,发挥植物资源丰富的优势,寻找和培育新的超富集植物。而且选择的富集植物还要能够适应进行目标修复土地的土壤性状,同时也要考虑不能破坏当地的自然生态环境。

2.结合基因工程技术

随着分子生物技术和基因工程技术的迅猛发展,逐步将二者结合起来应用于植物修复中,在提高植物修复的实用性方面必将有突破性进展。运用分子生物学的手段,育种与筛选转基因植物,将有助于深入研究植物富集重金属的机制,并有望通过改良遗传特性提高植物对重金属污染物的耐性、富集能力或提高已有超富集植物的生长速率和生物产量。例如,在加深富集植物对重金属的吸收、运输、积累及其解毒机制研究的基础上,可以考虑克隆植物的相关基因,然后转移到生物量较大的植物体内,培养出新的超富集植物品种;也可以将多种需要的基因植入所选植物中,从而提高其对重金属的吸收、运输和富集;或者人工育种与筛选转基因植物,通过改良遗传特性提高植物对重金属污染物的耐性和富集能力。

3.与传统的物理、化学的组合技术

面对土壤重金属污染的复杂性、不可逆性和表聚性等特点,单一治理方法很难将其去除干净,组合修复技术是近年来研究比较火热的修复技术。螯合剂-植物修复、电压-植物修复、表面活性剂-植物修复等方法已有一些研究,这些方法比使用任何单一的方法效果要好。因为它综合了多种方法的优点,如利用含配体的溶液能提高土壤溶液中重金属的浓度,利用电流能有效地将吸附于土壤中的重金属解释,利用植物根系的巨大表面积将溶液中的金属离子或金属配位离子进行吸附、吸收和转移。但将植物修复、微生物修复等技术科学、系统地结合起来,并依据实际的土壤性状及污染状况选择、种植适宜的超积累植物,逐渐建立一个有效的修复体系,走出实验室和大田的试验研究,加强污染土壤的修复实践,这些工作还有待进一步深入,同时也能为今后重金属污染土壤修复产业化奠定基础。

4.植物修复技术有效性的研究

土壤重金属的植物有效性是土壤环境保护和污染控制修复中一项重要的基础研究工作,为土壤重金属污染物的生态风险性评价提供基础性数据,为制定土壤重金属安全含量的科学标准和土壤环境的管理提供科学依据。有学者指出,重金属的植物有效性是重金属对植物体的供给性,对植物有效性的重金属就是指在植物生长过程中存在于土壤中的且能被植物根吸收的重金属。有关土壤重金属对植物有效性的研究涉及重金属在植物体内的含量、储存、迁移转化等,根际土壤化学,植物有效性的评价,影响土壤重金属植物有效性的因素等。部分研究发现,重金属总量的高低并不能表示其对环境影响能力的大小,应将有效态含量与总量结合起来综合分析,才能准确全面地评价土壤中重金属的生态环境效应;植物的重金属含量与土壤中相应的重金属有效态含量之间显著正相关,有效态含量相对于总量来说,更能反映重金属的植物有效性。通过大量的研究,现在基本上明确了影响土壤重金属植物有效性的各种因素,建立了一批适合某些地区土壤重金属的植物有效性评估指标,但是对于复合污染条件下,土壤重金属植物有效性的变化机制;干旱区绿洲土壤的重金属植物有效性研究等,还有待于进一步的发展。

第三节　有机污染物植物修复技术

由于农药施用、化工污染等问题引起的土壤有机污染,使得有机污染土壤的清洁与安全利用成为一个亟待解决的问题。目前,修复有机污染土壤环境的技术主要有物理修复、化学修复、电化学修复、生物修复等。植物修复是颇有潜力的土壤有机污染治理技术，与其他土壤有机污染修复措施相比，植物修复经济、有效、实用、美观，且作为土壤原位处理方法，其对环境扰动少；修复过程中常伴随着土壤有机质的积累和土壤肥力的提高，净化后的土壤更适合作物生长；植物修复中的植物根系的生长发育对于稳定土表、防止水土流失具有积极的生态意义；与微生物修复相比，植物修复更适用于现场修复且操作简单，能够处理大面积面源污染的土壤；另外，植物修复土壤有机污染的成本远低于物理、化学和微生物修复措施，这为植物修复的工程应用奠定了基础。由于植物修复技术是种绿色、廉价的污染治理方法，已成为近年来修复土壤非常有效的途径之一。

植物修复同时也有一定的局限性。植物对污染物的耐受能力或积累性不同，且往往某种植物仅能修复某种类型的有机污染物，而有机污染土壤中的有机污染物往往成分较为复杂，这会影响植物修复的效率；植物修复周期长，过程缓慢，且必须满足植物生长所必需的环境条件，因而对土壤肥力、含水量、质地、盐度、酸碱度及气候条件等有较高的要求；另外，植物修复效果易受自然因素如病虫害、洪涝等的影响；而且植物收获部分的不当处置也可能会在一定程度上产生二次污染。

一、有机污染物的类型

(一)非农药有机污染物

(1)耗氧有机污染物。指所有的有机化合物在分解时都需要消耗 O_2 致使环境缺氧而造成危害。测量指标有化学耗氧量(Chemical Oxygen Digestion，COD)、生化耗氧量(Biochemical Oxygen Digestion，BOD)、溶解氧(Dissolve Oxygen Concentration，DOC)。

(2)富营养化有机物。指富含 N、P、C 的有机废水。

(3)有机毒物。如三氯乙醛、酚、石油类和氰化物。

(4)病原微生物。如医院废水、生活垃圾渗水、人畜粪尿灌水。

(二)农药有机污染物

(1)有机氯农药。指用于防治植物病、虫害的组成成分中含有有机氯元素的有机化合物(DDT、六六六)。

(2)有机磷农药。指用于防治植物病、虫害的含有机磷农药的有机化合物(乐果、敌敌畏)。

二、有机污染物的植物降解机制

传统的有机污染物的生物修复是用微生物来完成的,有人认为研究植物去除有机物比较困难,因为有机物在植物体内的形态较难分析,形成的中间代谢物也较复杂,很难观察其在植物体内的转化,但是与微生物修复相比,植物修复更适用于现场修复。

植物主要通过 3 种机制降解、去除有机污染物,即植物直接吸收有机污染物;植物释放分泌物和酶,刺激根际微生物的活性和生物转化作用;植物增强根际的矿化作用。

(一)植物对有机污染物的直接吸收作用

植物从土壤中直接吸收有机物,然后将没有毒性的代谢中间体储存在植物组织中,这是植物去除环境中中等亲水性有机污染物(辛醇−水分配系数为 $\lg K_{ow} = 0.5 \sim 3$)的一个重要机制。疏水有机化合物($\lg K_{ow} > 3.0$)易于被根表强烈吸附而难以运输到植物体内,而比较容易溶于水的有机物($\lg K_{ow} < 0.5$)不易被根表吸附而易被运输到植物体内。

化合物被吸收到植物体后,植物根对有机物的吸收直接与有机物的相对亲脂性有关。这些化合物一旦被吸收后,会有多种去向:植物可将其分解,并通过木质化作用使其成为植物体的组成部分,也可通过挥发、代谢或矿化作用使其转化成 CO_2 和 H_2O,或转化成为无毒性的中间代谢物如木质素,储存在植物细胞中,达到去除环境中有机污染物的目的。有学者指出环境中大多数苯系物(BTEX)化合物、有机氯化剂和短链脂肪族化合物都是通过植物直接吸收途径去除的。

许多化合物实际上是以一种很少能被生物利用的形式束缚在植物组织中,普通的化学提取方法无法将它们提取出来。在有机质很少的沙质土壤中,利用根吸收和收获进行植物修复证明是可行的,如有学者利用胡萝卜吸收二氯二苯基−三氯乙烷,然后收获胡萝卜,晒干,完全燃烧以破坏污染物。在这个过程中,亲脂性污染物离开土壤基质进入脂含量高的胡萝卜根中。另一个运用植物从土壤中直接提取有机污染物的方法是根累积后经木质部转运,随后从叶表挥发(见图 2-2)。

有机污染物能否直接被植物吸收取决于植物的吸收效率、蒸腾速率以及污染物在土壤中的浓度。而吸收率反过来取决于污染物的物理化学特征、污染物的形态以及植物本身特性。蒸腾率是决定污染物吸收的关键因素,其又取决于植物的种类、叶片面积、营养状况、土壤水分、环境中风速和相对湿

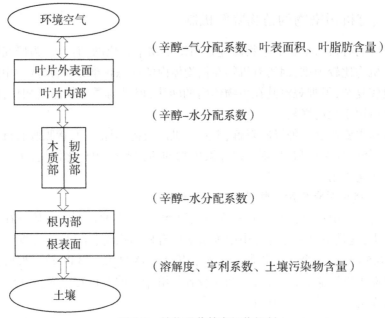

图 2-2　植物吸收的有机物机制

度等。

（二）植物对有机物的吸收积累和代谢

植物吸收有机物后在组织间分配或挥发的同时，某些植物能在体内代谢或矿化有机物，使其毒性降低，但大多数研究只是证明植物能通过酶催化氧化降解有机污染物，对其降解产物的进一步深度氧化过程研究较少。有学者发现，三氯乙烯（TCE）水溶液培养一段时间后，植物体内检出其降解产物三氯乙醇（TCOH），但离开水溶液后 TCOH 逐渐消失，说明 TCOH 在植物体内被进一步降解，其降解产物尚待确定。次年，有学者通过悬液细胞的矿化试验证实了杂交杨能通过植物酶的催化氧化将 TCE 并入植物组织，成为其不可挥发或不可萃取的组分。

三硝基甲苯（TNT）是著名的环境危险物，在环境中非常稳定。高等植物杨树、曼陀罗等均可从土壤和水溶液中迅速吸收 TNT，并在体内迅速代谢为高极性的 2-氨基-4,6-硝基甲苯和脱氨基化合物。杂交杨树从土壤中吸收的TNT 中 75%被固定在根系，转移到叶部的量也高达 10%。

有学者研究了黑藻（Hydrilla verticillata）对阿特拉津、林丹和氯丹的吸收动态。这几种化合物在黑藻体内达到吸收–释放平衡所需时间：阿特拉津为

1~2 h,林丹为 24 h,氯丹为 144 h,其富集系数分别为 9.62、38.2 和 1.61,证明该植物对氯苯类化合物有较强的富集能力,而这类化合物也已被证明是可通过食物链进行生物放大的危险性化合物。

因体内酶活性和数量的限制,植物本身对有机污染物的降解能力较弱,为提高植物修复效率,可利用基因工程技术增强植物本身的降解能力。如把细菌中的降解除草剂基因转移到植物中产生抗除草剂的植物或从哺乳动物的肝脏和抗药性强的昆虫中提取降解基因,用于植物修复等。植物体内转化、降解有机污染物的研究刚刚起步,还处于发现和验证阶段,其转化过程和机制均需进一步研究。

(三)植物释放分泌物和酶去除环境中有机污染物

植物可释放一些物质到土壤中,以利于降解有毒化学物质,并可刺激根际微生物的活性。这些物质包括酶及一些有机酸,它们与脱落的根冠细胞一起为根际微生物提供重要的营养物质,促进根际微生物的生长和繁殖;并且其中的有些分泌物也是微生物共代谢的基质。研究表明,植物根际微生物明显比空白土壤中多,这些增加的微生物能增加环境中有机物质的降解。有学者研究了多环芳烃的降解,发现植物使根际微生物密度增加,多环芳烃的降解增加。有研究表明,杨树根际的微生物数量增加,但没有选择性,即降解污染物的微生物没有选择性的增加,表明微生物的增加是由于根际的影响,而非污染物的影响。有学者通过研究发现草原地区微生物对 2-氯苯甲酸的降解率提高 11%~63%。

植物释放到根际土壤中的酶系统可直接降解有关化合物,这已被一些研究所证实。有学者指出硝酸盐还原酶和漆酶可降解 TNT(2,4,6-三硝基甲苯),使之成为无毒的成分,脱卤酶可降解含氯的溶剂如 TCE(四氯乙烯),生成 Cl、H、O 和 CO。通过根际的酶来筛选可用于降解某类化合物的酶,这可能是一种能快速找到用于降解某类化合物的植物修复方法。

(四)植物根际的矿化作用去除有机污染物

Hiltner 提出根际(rhizosphere)的概念。根际是受植物根系影响的根—土界面的一个微区,也是植物—土壤—微生物与其环境条件相互作用的场所,这个区与无根系土体的区别即是根系的影响。有学者指出根际微生物的群落组成依赖植物根的类型(直根、丛根)、植物种类、植物年龄、土壤类型及植物根系接触有毒物质的时间。根际区的 CO_2 浓度一般要高于无植被区的土壤,根际土壤的 pH 与无植被的土壤相比较要高 1~2 个单位。氧浓度、渗透和氧化还原势及土壤湿度也是植物影响的参数,这些参数与植物种和根系的性质有关。根系与土壤物理、化学性质不断地变化,使得土壤结构和微生物环境也不断变化。

植物和微生物的相互作用是复杂的、互惠的。植物根表皮细胞和根细胞的脱落,为根际的微生物提供了营养和能源,如碳水化合物和氨基酸,而且根细胞分泌黏液(根生长穿透土壤时的润滑剂)和其他细胞的分泌液构成了植物的渗出物,这些都可以成为微生物重要的营养源。另外,植物根系巨大的表面积也是微生物的寄宿之处。微生物群落在植物根际区繁殖活动,根分泌物和分解物养育了微生物,而微生物的活动也会促进根系分泌物的释放。最明显的例子是有固氮菌的豆科植物,其根际微生物的生物量、植物生物量和根系分泌物都有增加。这些条件可促使根际区有机化合物的降解。

植物促进根际微生物对有机污染物的转化作用,已被很多研究证实。植物根际的菌根真菌与植物形成共生作用,有其独特的酶途径,用以降解不能被细菌单独转化的有机物。植物根际分泌物刺激了细菌的转化作用,在根区形成了有机碳,根细胞的死亡也增加了土壤有机碳,这些有机碳的增加可阻止有机化合物向地下水转移,也可增加微生物对污染物的矿化作用。有学者在研究除草剂阿特拉津的生物降解时,发现微生物对阿特拉津的矿化作用与土壤有机碳成分直接相关。

(五)根际对有机污染物降解的影响

植物通过向根际分泌氨基酸等低分子有机物而刺激微生物的大量繁殖,可间接促进有机污染物的根际微生物降解。研究表明,根际微生物对凤眼莲清除水溶液中马拉硫磷起了约9%的作用。有学者测定了9种草本植物对土壤中 PCB、TNT 的修复能力,植物对 PCB 修复效果的差异可能取决于植物本身的吸收能力,但所有供试植物对 TNT 的修复效率很高,且根际微生物降解起主要作用。研究表明,接种假单胞杆菌(*Pseudomonas aeruginosa* sp.)后草地雀麦在含有 41 g/kg TNT 的土壤上的生长量比不接种处理增加了50%,而 TNT 的降解量也增加了30%,表明该菌株在增强草地雀麦对 TNT 污染适应性的同时,通过改变根际微生物种群结构而加速 TNT 的降解。研究发现,接种菌根真菌可以增加植物对多环芳烃污染物的降解,根际土壤酶活性的增强可能是其机制之一。有学者研究了皇竹草对土壤阿特拉津降解的作用,与未种植皇竹草相比,种植皇竹草的土壤阿特拉津降解率明显提高,皇竹草对灭菌土壤阿特拉津的降解率提高了42.38%,土壤中阿特拉津被皇竹草吸收后逐步由地下部分向地上部分转移,随着培养时间的延长,转移系数变大。这些研究结果表明,植物根际微生物对有机污染物的降解也起了重要作用,至于植物吸收、积累和降解与植物通过根际活动而促进有机污染物降解相比何者更为重要,则因化合物性质的不同或同种化合物在不同生态体系中的降解行为不同而存在很大差异。

三、植物修复有机污染物的研究与应用

(一)影响植物修复的因素

1.环境条件

环境条件包括土壤水分、pH、有机质含量、孔隙度等,这些因素会间接决定土壤微生物的数量、种类和生物活性。有学者指出,pH 的变化显著影响耐重金属植物对重金属的吸收,在不同 pH 处理的被 Zn、Cr 污染的土壤盆栽试验中,天蓝遏蓝菜吸收的 Zn、Cr 量的大小随土壤 pH 下降而增加。

2.污染物性质

在低 pH 下重金属呈吸附态进入土壤溶液,会增加植物对重金属的生物吸取量。有机化合物的亲水性大小是影响它能否被植物吸收的因素之一,亲水性越大,进入土壤溶液的机会越小,被植物吸收量越少。通常多环芳烃(PAHs)环的数目越多越难被植物降解。有学者指出在土壤中加入乙二胺四乙酸(EDTA)会增加金属的活性和可溶性,但 EDTA 活化土壤重金属存在污染地下水的风险,这一点必须加以考虑。

有学者发现有 88 种植物能有效吸收和富集 70 余种有机污染物;有学者发现有些植物对重金属的耐受性特别高,其体内重金属含量是同类土壤上其他植物的 100 倍或 1 000 倍。如果能找到或驯化出这种植物(超富集植物),植物修复效率将大幅提高。遏蓝菜属植物 *Thlaspi rotundifolium* spp. *cepaeifolium* 是已知的唯一能富集 Pb 的植物。

不同植物甚至同一种植物的亚种或变种所产生的分泌物和酶的种类、数量、功效是不同的,这对植物修复的功效产生一定的影响。经基因工程改造的植物能显著提高修复的功效。如改造的拟南芥菜和烟草在能杀死未改造种的 Hg^{2+} 浓度下存活,并把有毒的 Hg^{2+} 变为低度的单质 Hg 挥发掉。

3.根系分布

许多植物根系分布很窄,穿透的深度受土壤条和土壤结构的影响。有学者用芥菜型油菜(*Brassica juncea*)提取土壤中的 Pb 污染物时,其深度最多只能达到 15 cm,而 Pb 的移动范围在 15~45 cm。但在有些情况下,根的深度可达 110 cm,并扩展到高浓度的污染物的土壤中。修复过程发生时植物根系必须和污染物接触,所以根系的分布深度直接影响着被修复土壤或地下水的深

度。多数能富集重金属污染物的植物根系分布在土壤表层,这对植物修复的效果会产生影响。

4.污染物浓度和滞留时间

黑柳(*Salix nigra*)能降解除草剂 Bentazon,但当除草剂的浓度太高时,会对植物产生毒害,使植物无法生长或引起植物生长的衰退。有学者指出,除草剂浓度在 1 000~2 000 mg/kg 时,Bentazon 对 6 种植物产生毒害。土壤中存留几年污染物的生物获取量比新鲜污染物要少得多,降低植物的修复功效。

(二)植物促进农药的降解研究

植物以多种方式协助微生物转化氯代有机化合物,其根际在生物降解中起着重要的作用,并可以加速许多农药及三氯乙烯的降解。首先,植物根际的菌根真菌与植物形成共生作用,并有独特的酶途径,用以降解不能被细菌单独转化的有机物;其次,植物根际分泌物刺激了细菌的转化作用。植物可向土壤环境中释放大量分泌物(糖类、醇类和酸类等),其数量约占年光合作用产量的 10%~20%;另外,植物为微生物提供适宜的生存场所,并可为好氧菌提供好氧环境使好氧转化作用能够正常进行。

植物微生物界面相互作用以加速降解的研究是当今世界的活跃领域,也是氯代有机化合物土壤修复技术的一个良好发展方向。

研究证明,许多植物根际区的农药降解速度快,降解率与根际区微生物数量的增加呈正相关,而且发现多种微生物联合的群落比单一种的群落对化合物的降解有更广泛的适应范围,但并非所有植物对化学物质都有降解能力。这之间的关系有很强的选择性,主要原因是不同植物种分泌不同的物质,而不同微生物对根系分泌物有所选择。另外,植物对化学物质的适应或敏感程度也不相同。有学者指出使用 2,4-D 除草剂后,降解 2,4-D 这种除草剂的细菌群落数量在甘蔗根际有增加,但在非洲三叶草根际不增加。2,4-D 对除去双子叶杂草有效而不伤害甘蔗,这表明甘蔗根际微生物群落有保护植物免受化学物质伤害作用的可能性(农药—刺激植物产生分泌物—促进微生物繁殖)。

有学者发现用杀虫剂二嗪农处理过的小麦、米、豌豆属植物根际微生物数量要比对照土壤中高 100 倍以上。研究者从小麦根际土壤中分离了细菌、真菌和放线菌,经无土培养试验证明这些菌类可降解二嗪农。一般认为,微生物繁殖所需的能源和营养由根系脱落细胞和分泌物供给,而有些研究表明,多种微生物构成的微生物群落也可以在以除草剂 2-甲基-4-氯丙酸做唯一碳源和能源的条件下生长,研究者分离了 5 种微生物,培育试验结果为:即使提供给相当可利用的碳源,也没有一种微生物能单独生长在有 2-甲基-4-氯丙酸存在的条件下。然而2种以上微生物混合既能生长于以2-甲基-4-氯丙酸为唯一碳源的环境中,并且可以降解这种物质。这种微生物群落也能降解除草剂2,4-D和MCPA(2-甲基-4-苯酚乙酸),表明根际微生物联合群落要远比单个微生物更有效地降解多种有毒有害物质。

(三)植物促进氯代化合物降解的研究

冰草(*Agropyron desertrum*)对五氯苯酚(PCP)污染土壤的净化作用和根际对四氯乙烯(PCE)降解的促进作用等都有报道。有学者以[14]C标记PCE,对不同类型根系的植物(如须根型、真根型豆科植物)和接种菌根的松属植物对PCE在植物根际的降解做了很严谨的试验,证明了2种豆科植物[截叶铁扫帚(*Lespedeza cuneata*)和大豆(*Glycine max*)]对土壤中的PCE的微生物矿化起促进作用,尽管*Glycine may*不是污染地点原有植物种,仍可以在此处生长并降解PCE。有学者发现PCP在有冰草生长的土壤中消失速度是无植物区的3.5倍。有外菌根的松树幼苗根际也发现了污染物的矿化作用。有研究者证明了外菌根的菌丝在多氯联苯类(PCBs)降解中的作用。

有学者研究了植物对三氯乙烯(TCE)污染浅层地下水系的气化、代谢效应,发现地下水中TCE的浓度远低于植物,范围是0.4~90 mg/L,利用一种玻璃箱收集由TCE分解的蒸腾气体,采集植物的茎、叶、根分析TCE及3种代谢物[2,2,2-三氯乙烷(TCET)、2,2,2-三氯乙酸(TCAA)和2,2-二氯乙酸(DCAA)]。结果发现,污染场所中所有样品都可检测出TCE的气化挥发以及上述3种中间产物。

有学者用[14]C研究了在水培和模拟土壤条件下杂交杨对1,4-二氧六环化合物的降解、去除效果,发现水培条件下杂交杨茎、叶可快速去除污染物,8 d内平均清除量达54%,但从模拟土壤中清除较慢,18 d仅有24%。其途径皆是由蒸腾吸收后通过叶片表面产生汽化挥发,而应用放线菌在水培条件下1个月可降解100 mg/L,且杨树根系可增加微生物的降解活性,45 d内清除率达100%。

(四)其他方面的研究

除除草剂、杀虫剂等有机化合物在植物根际生物降解的研究外,近年来对非农用化合物的降解研究也不断有报道,其趋势几乎与农用化合物降解研究相匹配。例如,从被石油污染的水稻田里分离的根际微生物证明了石油残存物可被加速分解。有研究发现,在有石油污染的水稻田土壤中分离出的芽孢杆菌(*Bacillus* sp.)仅在有水稻根系分泌物存在的情况下才能在石油残留物中生长。这表明水稻根系促进了特定的微生物消除石油残留物。

除可清除氯化物、PAHs、石油外,植物修复技术还成功应用于其他化合物污染的修复中。利用生物修复技术较传统的焚脱污法显然具有价廉、适应性强、操作简单、避免挖出土体而耗时费力且破坏自然景观与土层构造、加重环境负担的优点。如对受美国依阿华陆军弹药厂爆炸物所污染的地表水进行水生植物和湿地植物修复的筛选与应用研究中发现,杂属植物(*Myriophyllum aquaticum* Vell.Verdc)的效果甚佳。有研究者研究了受 TNT 污染地表水的植物修复技术,在所用浓度为 1 mg/kg、5 mg/kg、10 mg/kg 的土壤条件下,与对照相比,利用植物的降解、移除量可达到 100%。又如,在全美的原军事基地中,大约有 82 万 m³ 的土壤遭受了爆炸物污染,主要污染物是 TNT 及其降解的中间产物,利用植物——柳枝稷进行降解和修复是一种有效途径。有学者用¹⁴C 技术研究杂交杨对残留在土壤中莠去津的净化效果,认为通过杨树截干(平茬)可清除大部分所应用的莠去津且对树木生长没有任何副作用。

四、土壤中有机污染物的化学行为及其生态效益

土壤是一种包括矿物质、有机质、生物种群、水和空气等组分的多介质体系,具有复杂的化学和生物学性能,可被粗略划分成空气、水溶液、固体、生物体四相,有机污染物在土壤中的行为受到它在这四相之间分配趋势的制约。土壤中的有机污染物可能挥发进入大气;随地表径流污染附近的地表水;吸附于土壤固相表面或有机质中;随降雨或灌溉水向下迁移,通过土壤剖面形成垂直分布,直至渗滤到地下水,造成其污染;生物或非生物降解;作物吸收。这些过程往往同时发生,互相作用,有时难以区分,并受到多种因素的影响。有机污染物在土壤中主要以挥发态、自由态、溶解态和固态 4 种形态存在,绝大多数有机污染物都属于挥发性有机污染物。这些有机物主要来源于固体废物填埋场、地下密封储存的有害污染物的事故性泄漏及用于农业的除草剂、杀虫剂等,其类型多为卤代烃类化合物、芳香类烃类化合物及各种杀虫剂。在土壤环境中,一系列的机制控制着污染物的运移:①地下水流决定了污染物的运动方向和速率;②扩散使污染物产生纵向及横向的转移;③污染物与土壤颗粒中有机质及矿物质之间的吸附解吸、污染物在土壤包气带水气界面处的物质交换,使污染物的运移受到阻滞;④由于具有挥发性,污染物还随气体迁移和扩散;⑤土壤中的生物与化学作用使污染物降解,生成无害物质或其他有害物质。要预测污染物的运移和其归宿,必须对土壤-水-空气这一复杂的系统及污染物在其中的诸多迁移机制有充分的理解。这些挥发性有机污染物通过挥发、淋浴和由浓度梯度产生扩散等在土壤中迁移或逸入空气和水体中,或被生物

吸收迁出土体之外,进而对大气、水体、生态系统和人类的生命造成极大的危害(见图2-3)。

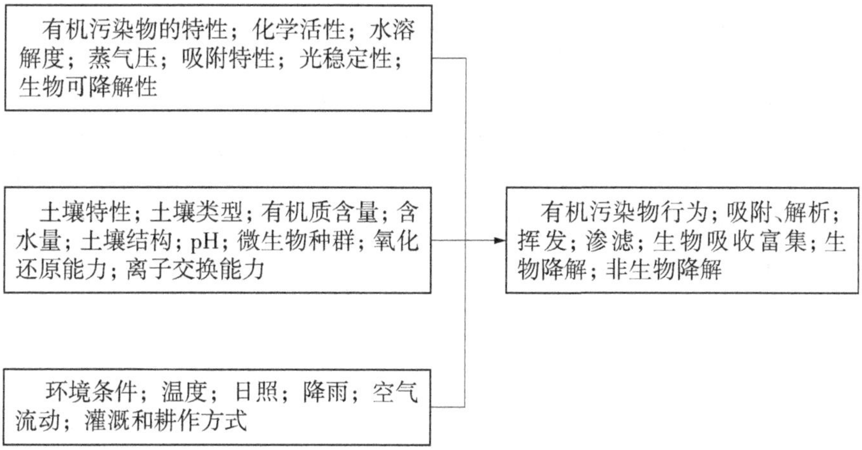

有机污染物的特性;化学活性;水溶解度;蒸气压;吸附特性;光稳定性;生物可降解性

土壤特性;土壤类型;有机质含量;含水量;土壤结构;pH;微生物种群;氧化还原能力;离子交换能力

有机污染物行为;吸附、解析;挥发;渗滤;生物吸收富集;生物降解;非生物降解

环境条件;温度;日照;降雨;空气流动;灌溉和耕作方式

图2-3　土壤中有机污染物的行为及其主要影响因素

有机污染物对生态环境的污染,是当前环境保护研究中的重要课题之一。有机污染物被释放出来后,就会进入土壤或水体(地表水及地下水)等环境介质中;进入大气中的有机污染物也会以某种形式进入土壤-水体系统中。在土壤-水体系统中,虽然水是流动介质,但污染物并不随水的流动而立即消失,它们以某种形式进入土壤或河流、湖泊等水体的底部淤泥并残留下来,然后再缓慢释放,成为长期的二次污染源,危害环境。所以,必须重视有机污染物在环境中的行为和归宿。土壤-水体系统中,吸收有机污染物的土壤物质类型、进入的方式、土壤对有机污染物的吸收容量、污染程度及对生物影响的评估等,已成为当前环境科学研究中的热点问题。

五、植物修复作用进一步研究重点

由于植物、微生物、有毒有害物质的相互作用是很复杂的,有毒物质在根际降解的机制很难阐明。因此,研究植物在污染土壤修复中的作用,需考虑以下几个方面的问题:

(1)植物根系的结构和年龄对有毒物质降解的影响。

(2)植物根系的转化动态,包括根在分解过程中有毒物质释放的可能性。

(3)根系释放的非生物物质的溶解性。

(4)根际微生物群落在腐殖化过程中的作用。

关于植物修复污染土壤技术,今后需要特别注意研究的领域如下:

(1)植物种的特殊性,例如植物根的形态、植物生理、微生物群落与植物相结合的生态、生理学的特性,根系分泌物在选择微生物群落中的作用。在根际微生物作用下腐殖化过程对表层土壤中的有毒物质和生物利用的影响。

(2)根际其他因子的动态,如菌根和根瘤的存在和土壤的养分条件、土壤通气性,以及土壤中许多化学过程同样重要。根系从土壤溶液中对有机化合物的吸收很大程度上依赖化合物的物理化学性质、环境条件和植物的特性。对植物根系和它们与根际微生物群落相互作用的机制有了深入了解,才能对污染土壤的生物修复中植被管理和植物种的成功选择有更大的把握。

下篇　土壤污染动物修复技术及其他修复技术

第一节　土壤动物的生物指示作用

　　土壤动物是指经常或暂时栖息在土壤中,对土壤的形成和发育有一定影响的动物群。土壤动物是陆地生态系统的重要组成部分,能直接影响土壤系统的物质分解和养分循环,对土壤功能维持和恢复具有重要作用。土壤动物在农业生态系统中,以其巨大的数量直接参与土壤有机质的分解和矿化过程,使矿质化物质的损耗在整个植物生长季节内缓慢地释放,这种生物调节过程在农业生态系统中具有重要功能性作用。同时,土壤动物通过与土壤微生物之间的相互作用,对微生物群落起着生物和能量的过滤作用,并通过自身运动和摄食,促进土壤腐殖质和团粒结构的形成,增强透水性与通气性,改善土壤理化性状,有助于农业生态系统生产力的提高。分析土壤动物种群和群落结构及动态规律,可以为农业生态系统的养分循环过程研究提供重要信息。

　　近年来,国内外对土壤动物在陆地生态系统中的地位和作用进行了广泛的研究,主要集中在土壤动物在养分循环中的作用、土壤动物群落结构、土壤动物种群多样性以及农业干扰活动对其影响等方面。目前,由于越来越多的污染物质进入土壤环境,对土壤动物的活动及功能产生了一定的影响,因此关于污染物对土壤动物的生态毒理效应、土壤动物的生物指示作用以及污染土壤的动物修复研究引起了人们的重视。同时,由于土壤动物对环境要素变化响应敏感,应用土壤动物指示土壤质量状况,已成为近期国际土壤生态学研究的热点和前沿,也是我国土壤环境学和动物学研究应大力重视的新兴方向。我国在土壤动物方面的研究涉及不同温度带的森林、草地、沙漠、湿地、农田、城市和矿区等生态系统的区系组成、群落结构、分布、多样性、时空动态等方面。

一、土壤动物的类型及作用

　　土壤动物体形大小差别极大,以 0.2 mm 作为抽提装置分离采集的界限,通常按体长可将土壤动物分为以下三种类型。

（1）小型土壤动物。体长 0.2 mm 以下的微小动物，主要是原生动物的鞭毛虫、变形虫、纤毛虫等，生活在高湿的土壤中，又称土壤水动物。

（2）中型土壤动物。体长 0.2~10 mm，主要包括线虫、轮虫、缓步纲、螨类、蛛形纲、弹尾目、原尾目、双尾目、盲尾目和拟蝎类等。

（3）大型土壤动物。体长 10 mm 以上，大部分土壤昆虫和其他土栖节肢动物都属于此类。在陆地生态系统中，土壤动物是土壤分解作用、养分矿化作用等生态过程的主要调节者。表 3-1 列出了土壤动物在农业生态系统养分循环和土壤过程中所起的重要作用。

表 3-1　土壤动物在农业生态系统中的作用

类型	养分循环	土壤结构
小型土壤动物	调节细菌和真菌种群；改变养分周转	通过与微生物群落的相互作用影响土壤团聚体
中型土壤动物	调节真菌和小型土壤动物种群；改变养分周转	产生粪粒；创造生物孔隙
大型土壤动物	破碎植物凋落物；刺激微生物活动	混合有机和无机颗粒，使有机质和微生物重新分布；创造生物孔隙；提高腐殖化作用，产生粪粒

在土壤动物中，小型土壤动物通过与微生物群落之间的相互作用对生态系统产生重要的影响。中型和大型土壤动物产生粪粒，形成不同大小的生物孔隙，以此来影响水分运动和存储及根系的生长，更重要的是它们长期地对土壤的腐殖化过程产生显著的影响。

二、土壤动物的生物指示作用

对污染土壤进行修复需要采用适宜的方法，这就需要充分了解污染区域的污染类型、特征及污染程度，这些资料的取得需要对污染物质在生态系统中的污染效应做出科学检测，除常规的定位分析方法外，近年来发展了生物指示方法。采用易受影响的生物作为土壤污染指示生物，对于相互关联的生物种群因化学物质影响所受的损伤程度进行评价，并对生态系统组成要素的生物种的生态毒理进行诊断。

通常,植物常被选作指示生物,但土壤动物特别是无脊椎动物,由于物种丰富、具有活动性,因此可能更适合选作污染环境的生物指示工具。据统计,土壤中昆虫种类可达 20 000 种,仅无脊椎动物就达 3 600 多种。土壤动物与土壤污染物质接触十分紧密,以不同陆地无脊椎动物毒理试验评价土壤修复状况,是将那些对土壤污染具有敏感指示作用的物种作为指示动物,从而达到对土壤修复状况的指示作用。同时,土壤动物的生物指示作用也为制订污染治理方案提供了一定的基础信息。

土壤动物对进入土壤环境的重金属、PCBs、PAHs 等污染物质的生理反应可以通过其存活能力、活动性、机体组织污染物含量及种群结构等信息表现出来。应用土壤动物的生物指示作用主要是获得污染物质对土壤动物的毒性效应数据,该工作程序如图 3-1 所示。

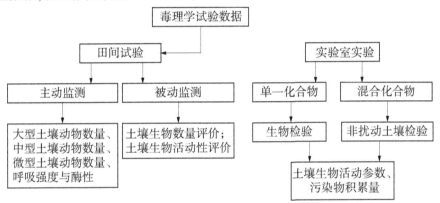

图 3-1 土壤生物指示系统的工作程序

目前,有许多土壤动物已被用于土壤或环境污染指示生物。德国 BMBF 的污染土壤生态毒理诊断项目组采用陆生无脊椎动物和原生动物作为土壤修复评价试验指标体系中的一项,并将其作为评价污染点整体生态质量的一个重要组成部分,取得了较好的试验结果,如将纤毛虫看作是很有希望的土壤原生动物毒性试验材料,来满足生态毒理研究目标的需要。土壤中蚯蚓种群的数量和结构能够反映土壤的污染情况,因此蚯蚓对土壤污染具有指示作用。普遍认为,蚯蚓是比较理想的环境污染指示生物,被经济合作与发展组织(Organization for Economic Co-operation and Development,OECD)和欧洲共同体(European Community,EC)选择作为环境污染的主要指示生物。节肢动物的生活史可以作为城市土壤中指示环境污染程度的重要手段。有研究表明,蜘蛛体内 Cu、Cd 的积累量分别是甲虫的 2~3 倍和 7~8 倍,因此其可以作为重金属污染的生物指示器。有学者对蚯蚓 DNA 甲基化和重金属污染胁迫的潜在关系进行了探索,研究指出蚯蚓 DNA 甲基化作为土壤重金属污染生物标志物的可能性,还可用于评估 DNA 甲基化的表观遗传变化风险。

由于污染物质种类多样,其扩散和毒性表现不一,加上土壤环境和成分的复杂性,使单纯依靠有机生物体作为污染环境的生物指示器还不能完全从定量化的角度予以明确;又由于生态系统中土壤动物种类纷杂,数量巨大而且食物网的结构复杂,土壤动物在其中占据一定的位置并参与物质循环过程,所以采用单一物种作为土壤污染的指示生物在实践上还有一定的局限。不同种类、不同剂量的重金属,其毒性反应不一,对于同种动物不同类型的毒理效应也不同。所以,有学者建议采用土壤动物群落结构的变化来指示土壤污染状况,尽管这可能扩展了生物物种检测的工作量。也有学者建议采用种群数量相对明确、生态环境条件要求大体一致的系列物种组成指示系统,以适应各种不同情况污染环境的指示。采用剂量-效应关系进行试验分析的结果可能不同于田间条件下的结果,因此需要进行校正。

第二节 污染物对土壤动物的生态毒理作用

污染物对生物体及其整个生态系统影响的确定,习惯上以剂量-效应关系来表达。剂量-效应分析是对有害因子暴露水平与暴露生物种群中不良生态效应发生率之间的关系进行定量估算的过程。剂量-效应关系提供了评价环境化学品风险和毒害作用的基础。目前为止,研究者使用了各种污染土壤进行了研究。例如,矿物油类污染土壤、多环芳烃污染土壤、重金属污染土壤等。试验获得的结果表明,动物繁殖试验对土壤毒性的检验优于急性毒性试验。

土壤动物对重金属具有富集作用,因此重金属对土壤动物的危害影响是评价重金属对陆地生态系统健康风险的一个重要内容。据研究,土壤动物中等足类动物对重金属的富集较鞘翅类动物低,蚯蚓居中。有学者提出了重金属在土壤无脊椎动物体内的积累符合方程:

$$\lg C_0 = \lg a + b \lg C_S \tag{3-1}$$

式中 C_0——土壤无脊椎动物体内重金属浓度;

C_S——土壤中重金属浓度;

a、b——与具体动物有关的常量。

研究表明,检测土壤动物体内污染物含量可以有效评价土壤中污染物质的生物可利用性状况,该方法对重金属污染土壤的检测具有较好的效果。土壤动物的活动性也对重金属污染物质产生一定的响应,如蜈蚣在铜含量达到 640 mg/kg 时表现出日夜节律性紊乱的特点,其呼吸强度在铜含量达到 40 mg/kg 时明显下降,同时也影响其活动能力和活动模式。某学者在草甸棕壤条件下的研究表明,铜、铅浓度与蚯蚓死亡率显著相关,蚯蚓个体对重金属毒性的耐受程度差别较大,其毒性阈值分别为铜 300 mg/kg、锌 1 300 mg/kg、铅 1 700 mg/kg、镉 300 mg/kg。当重金属含量达到一定限度时,土壤动物的繁殖能力明显下降,其后代的个体体长也会受到影响。有研究证实,在汞污染土壤短期(2 d)和长期(44 d)暴露下,蚯蚓谷胱甘肽还原酶会产生随时间变化的氧化应激,因此谷胱甘肽还原酶的氧化还原可用于土壤汞污染评估。有学者对蚯蚓体 DNA 甲基化和重金属污染胁迫的潜在关系进行了探索,研究指出蚯蚓 DNA 甲基化作为土壤重金属污染生物标志物的可能性,还可用于评估 DNA 甲基化的表观遗传变化风险。另外,放射性污染物质也对土壤动物的活动性和多样性以及群落结构产生一定的影响,如在微量放射性物质影响下,成年甲虫表现出异常的活跃;但不同的放射性物质影响情况不同,如在 ^{90}Sr 处理土壤中,1969—1991 年期间物种减少了近 1/2。

有机污染物对土壤动物的毒理效应也有相关的报道。在草甸棕壤条件下进行菲对蚯蚓的急性毒性效应研究结果表明:菲浓度为 20 mg/kg 时,出现个别蚯蚓死亡和平均体重下降,当菲浓度增大到 80~100 mg/kg 时,死亡率产生由 6.7% 升至 96.6% 的跃迁式变化。不同污染物对蚯蚓的毒性存在较大的差异,与菲相比,芘的毒性明显减少,当芘的浓度达到 1 500 mg/kg 时,未见蚯蚓死亡。另有研究表明,PAH 和 PCB 等有机污染物质可以在土壤动物体内积累,超过其耐性范围则产生一定的毒性反应;也有研究认为,土壤中 PAH 在高剂量时,土壤动物的积累能力较强,在低浓度时,土壤动物的积累能力比较弱或不出现积累。

农药在农业生态系统中的作用为人类带来了好处,但同时也产生了一些长期的、潜在的生态影响。在整个生物圈内,甚至在极地的某些动物组织、土壤、空气和水系中都有农药的残留。农药污染使生物种类由复杂变为简单,某些物种消失,某些种类个体数量增多。施用农药对土壤中微生物如硝化细菌、根瘤菌和无脊椎动物影响很大,如每亩施用 300~600 g 草剂西玛津,使土壤中无脊椎动物的数目减少 33%~50%;施用农药较多的土壤中,蚯蚓大量死亡,死亡率有时可高达 90% 以上。

第三节 蚯蚓对污染土壤修复的原理

蚯蚓是生态系统中的一个重要组成部分。一方面,它作为陆生土壤动物,能改善土壤的通气性,增加土壤肥力;另一方面,在食物链中,蚯蚓是陆生生物与土壤生物传递的桥梁。当土壤被各类化学品污染后,对蚯蚓的生存、生长、繁殖产生不利的影响。因此,利用蚯蚓指示土壤污染的状况,评价土壤质量,已被作为土壤污染生态毒理诊断的一项重要指标。不仅如此,近年来研究表明,蚯蚓在修复污染土壤方面也具有重要作用,蚯蚓对重金属具有一定的富集作用,蚯蚓粪可作为重金属污染土壤的修复剂,同时蚯蚓与微生物、植物具有协同作用,在重金属污染土壤及有机污染物(如 PAHs、PCBs)污染土壤的修复中可以大大强化修复效果,具有较大的应用潜力。

一、蚯蚓对土壤物理性质及过程的调节

土壤结构是表征土壤质量的基本要素。大型土壤动物创造了 3 种土壤结构:排泄在土表和土内的粪便、居住的洞穴和其在土内活动留下的孔道。蚯蚓的排粪量很大,在温带土壤中,每年每公顷可达 75～250 t。通常认为,由于混合、挤压,以及黏蛋白、黏多糖对土壤颗粒的胶结作用,经过蚯蚓肠道后的蚯蚓粪比原土具有更高的稳定性。有些田间试验结果表明,蚯蚓对热带稀树草原结构破坏的土壤团聚体具有明显的恢复作用,并且蚯蚓形成的团聚体具有更高的水稳性。可见,大量的蚯蚓粪不仅增加了土壤团聚体的数量,而且增加了其稳定性。

蚯蚓对土壤入渗率的促进作用显著。有学者指出蚯蚓洞穴可提高导水率80%,提高入渗率 6 倍以上。虽然蚯蚓的挖掘作用也会造成洞穴内水流速度快,使表施的化肥、农药及其他颗粒废物等流失到土壤深层,污染地下水,但相对于地表的大孔隙,蚯蚓在土壤内部排粪形成的中等孔隙却可以提高土壤的持水性,这与蚯蚓粪内部的丰富孔隙有关。此外,土壤孔隙的季节变化与蚯蚓数量也有一定的关系。

二、蚯蚓对土壤化学性质及过程的调节

由于自然条件下土壤有机质的含量较低,土壤动物必须大量取食以补偿营养的不足,因此对植物残体转化为土壤有机质的贡献很大。有研究表明蚯蚓能够显著增加土壤颗粒有机物的数量,蚯蚓还可分泌大量的黏液,是活性

高、易被微生物降解的有机质。蚯蚓也将大量的凋落物向洞穴内部运输，这些颗粒状有机物是土壤有机质重要的活性部分。在加速土壤有机质分解方面也有大量研究，几乎所有的培养试验和野外观测结果都表明，接种蚯蚓明显加速了施用有机质的分解。这主要是因为有机物在动物肠道内经微生物、酶等的作用，性质得到改善，如颗粒变小、C/N降低等，加上土壤动物的代谢产物，对原土有机质产生激发效应。在增加土壤有机质稳定性方面，蚯蚓也有一定的作用。有研究认为，蚯蚓粪具有特殊的物理、化学、生物性质，推测其能改变重金属的生物有效性，具有修复土壤重金属污染的潜力。有学者进行土壤动物酶活性研究时发现，蚯蚓对有机质的腐殖化过程具有重要影响。相关研究还发现了凋落物经过蚯蚓消化道时发生腐殖化的证据。

土壤动物可以显著增加土壤有效养分的含量。蚯蚓每天排泄的尿素量占鲜重的 6.2%~6%，蚯蚓粪及蚯蚓作用的土壤比没有蚯蚓的土壤具有更高的有机质、全氮、盐基交换能力（交换 Ca、Mg、K 和有效态 N、P 等）。研究表明，蚯蚓工作过的红壤中矿质氮、无机磷和土壤 pH 等明显高于原土。蚯蚓粪 pH 高于原土，因此也显著提高了蚯蚓孔穴圈内的 pH。某些种类的蚯蚓还能够优化中和土壤微环境的 pH，对强酸性土壤具有一定的调节作用。

三、蚯蚓对土壤生物学性质及过程的调节

土壤动物对土壤过程的影响主要是通过与微生物的交互作用表现出来的，土壤动物通过改善微生境、提高有机物的表面积、直接取食、携带传播微生物等方式影响土壤微生物群落的数量、活性、组成和功能。

早期的研究表明，蚯蚓可以增加土壤微生物的数量和活性，但近年来的研究对此有很大的分歧。一般认为，蚯蚓对微生物量的影响有两种情况：一是当土壤肥力高或外加有机物时，土壤微生物量很高，蚯蚓取食有机质和微生物，代谢物的易利用碳源对微生物生长影响不大，因此土壤微生物量下降；二是土壤贫瘠或外加有机物少时，蚯蚓可能有选择地取食营养价值高的微生物，并分泌出更多的黏液以适应环境，黏液刺激微生物迅速生长，微生物量初始比原土高，随着黏液的耗竭，微生物量也下降。在微生物活性方面，不论在什么条件下，蚯蚓一般都促进微生物活性，即使在高肥土壤内，经蚯蚓消化道后，活性高的微生物增加，而休眠体数量下降，随着蚯蚓粪的老化，微生物活性开始下降。

土壤动物影响微生物群落组成主要是通过取食作用来实现的。有证据表明，蚯蚓至少取食了部分活性微生物体，蚯蚓以真菌为食物，真菌和藻类是 6 种正蚓科蚯蚓的主要食物。此外，蚯蚓的携带传播对微生物区系的组成也具

有重要的意义,蚯蚓孔穴圈内温度、湿度、通气性等影响着土壤细菌/真菌比。当然,蚯蚓对孔穴壁的挤压作用和分泌黏液对微生物群落的活性与组成具有决定性影响,蚯蚓为微生物创造了适宜的微环境,建立了互利关系的微生物群落。有学者通过室内试验研究了不同类型土壤和植物残体施用下接种蚯蚓对土壤微生物群落组成及活性的影响,结果表明,接种蚯蚓对微生物量碳(MBC)无显著影响,不同土壤接种蚯蚓均使土壤基础呼吸显著增大,接种蚯蚓后土壤微生物群落组成与结构发生了明显变化,土壤微生物群落特性变化受蚯蚓、土壤及植物残体间交互作用的影响。

蚯蚓对土壤生物学过程的调节还体现在其对土壤酶活性的影响方面。已证明,蚯蚓对食物的消化需要很多酶参与。蚯蚓消化道组织提取液中有蛋白酶、纤维素酶、淀粉酶和脂肪酶等。有学者在种植黑麦草的土壤中引入蚯蚓,结果发现转化酶、淀粉酶、磷酸酶活性升高,磷酸酶活性升高被认为是蚯蚓对磷活化作用的主要原因。需要指出的是,大多数土壤动物对土壤酶活性的影响是通过微生物实现的,尤其是对真菌的取食过程释放的多种酶。

土壤动物还可以产生一些次生代谢产物,对土壤生态系统和植物生长产生一定的影响。研究表明,蚯蚓(环毛蚓)活动产生了高量的 IAA 和 GA 等植物外源激素;蚯蚓粪提取物对绿豆的生长及根系发育有显著的促进作用。但关于植物外源激素的产生是不是土壤动物刺激微生物活动导致的,目前还不清楚。

综上所述,蚯蚓对污染土壤的修复主要是通过蚯蚓对土壤理化性质和生物学过程的调节来实现的,但目前在理论和应用实践上还存在很多薄弱环节,更多的研究是利用蚯蚓的生物指示作用来评价污染土壤修复的状况。

第四节　生物修复技术的典型案例

一、重金属土壤固化/稳定化技术应用案例

案例一:某农药厂废弃场地及周边土壤治理与修复项目

该项目占地面积 12.1 hm²),其中,原农药厂区面积 2.4 hm²,场地土壤检测特征污染物为 As 和 Pb,检测最大值分别为 70.5 mg/kg 和 3 180.0 mg/kg,最大超标倍数分别为 2.53 倍和 3.76 倍;周边受污染耕地 9.7 hm²,农田土壤检测主要污染物为 Cd,检测最大值为 1.70 mg/kg,最大超标倍数为 1.83 倍。项目场地 As 修复目标值为 20 mg/kg,Pb 修复目标值为 800 mg/kg;农用地土壤

治理修复目标为农产品可食用部分中 As、Pb、Cd 含量,三种元素达标率均为 100%。

农药厂废弃场地采用固化/稳定化技术进行治理,修复方式为原地异位修复,场地土壤污染治理工艺如下:污染土壤清挖—筛分预处理—修复药剂混合—堆置养护—检验—土壤回填—地表阻隔。在场地内修建 600 m^2 密闭彩钢板修复车间并设置尾气收集装置,底部铺设高密度聚乙烯(HDPE)膜(15 mm 厚)和无纺土工布(400 g/m),其上进行水泥硬化。建设 180 m^2 药剂库,地面进行水泥硬化防渗处理。土壤清挖按照分区、分层、分污染物原则,合理布置清挖区域,各区域再按第一层 0~0.5 m、第二层 0.5~1.0 m 的标准进行清挖。污染土壤利用筛分斗将粒径大于 5 cm 的杂质去除,利用药剂混拌设备将土壤与固化和稳定化药剂按比例混合,进行一体化筛分破碎后堆置养护 24 h,然后运至待检区取样检测,检测合格后回填至原清挖区域所建地表阻隔系统。阻隔系统地表和底部均采用水泥硬化地面,保证阻隔效果,农药厂废弃场地治理工程已完成,等待环保验收。

9.7 hm^2 农用地土壤采用农艺调控加土壤钝化协同处置,其中 4.1 hm^2 农田作为安全利用区,采用水旱轮作及管护治理方式。农艺调控采用水旱轮作方案,每年 5—9 月种植水稻,水稻收获后实施排水晒田,田面干燥后进行旋耕整地,并于每年 10 月至翌年 4 月种植油菜,耕作期间严格管控肥料和农药种类及施用量,除草设计和水分调控因地制宜。土壤钝化综合考虑安全性、实用性和有效性,按照《土壤调理剂　通用要求》(NY/T 3034—2016)标准并结合省内外工程实践选用土壤钝化剂,钝化剂配合水稻栽培并统一进行旋耕整地,钝化剂施用后进行旋耕整地能充分与土壤混匀,达到良好的调理效果。

案例二:某铬渣场地周边土壤污染治理与修复项目

根据评估报告,项目原厂址为某化工厂生产红矾钠(重铬酸钠)场地,土壤的 pH 整体偏酸性,总 Cr 浓度为 0~1 500 mg/kg,最大浓度为 20 296.7 mg/kg;Cr^{6+}(总量)浓度为 0~50 mg/kg,最大浓度为 4 258.9 mg/kg;Cr^{5+} 浸出浓度为 0~1 mg/L,最大浓度为 17.2 mg/L。Cr 污染源主要分布在铬渣堆场,治理修复面积 43 661.77 m^2,修复工程完成治理修复土方量约 89 000 m^3,含 Cr 污水量约 13 000 m^3,含 Cr 污泥危险废物约 1 083 m^3。

项目采用异位固化/稳定化修复技术和安全填埋技术对污染土壤进行修复治理,处理后基坑四壁目标值 Cr^{6+}(总量)浓度为 0.77 mg/kg,污染土壤 Cr^{6+} 浸出浓度为 0.5 mg/L,总 Cr 浸出浓度为 1.5 mg/L,土壤修复合格后回填至厂内阻隔填埋。含 Cr 污水采用"亚硫酸钠药剂还原+调节+絮凝沉淀+中和"处理后达标排放,污水处置排放标准为《地表水环境质量标准》(GB 3838—2002)中 V 类水标准(Cr^{6+} 含量为 0.1 mg/L),经板框压滤机脱水后含铬泥进行委托处置。

新建固化/稳定化处理场 1 个,面积约 5 190 m^2,固化场采用 2 层无纺土工布中层焊接 HDPE 双光面膜进行防渗处理,防渗层上浇筑 15 cm 厚的混凝土面层;固化场设截污沟和集水坑。于原铬渣堆场建设库容量约 90 000 m^3 的阻隔填埋场,场底和边坡均做防渗处理,填埋场四周设置纵、横向渗流控制暗沟,填埋作业完成后及时进行封场,建设排气、排水、覆盖和植被层等多层覆盖系统。项目于 2019 年 1 月完成环保验收。项目配套建设 260 m^2 展览馆,向公众公开展示该污染场地的历史背景及 Cr 污染土壤的潜伏性、危害性和修复治理过程的复杂性。

案例三:美国污染土壤超级基金项目

在美国超级基金项目的支持下,应用固化/稳定化技术在美国全国范围内处理各类废物已有多年历史,并且固化/稳定化技术曾经一度列在超级基金指南所采用的污控技术的前 5 名。资料显示,自 1982 年以来,超过 160 处污染场地得到了超级基金项目的支持而采用了固化/稳定化技术修复污染土壤。20 世纪 80 年代末期及 90 年代初期,使用固化/稳定化技术的场地数量迅速上升,1992 年到达顶峰,并从 1998 年开始下降,在各类修复技术中列第 9 位。截至 2021 年,62% 的固化/稳定化工程已经圆满完工,有 21% 的项目仍处于设计阶段。

总体来讲,已经完成的超级基金项目中有 30% 用于污染源控制,平均运行时间为 1.1 个月,要比其他修复技术(如气相抽提、土地处理以及堆肥等)的运行时间短许多。超级基金支持的固化/稳定化技术多数应用是异位固化/稳定化,使用无机黏合剂和添加剂来处理金属的固体废物,有机黏合剂用于处理特殊的废物,如放射性废物或者含有特殊有害有机物的固体废弃物。只有少量的项目(6%)利用固化/稳定化技术处理含有有机化合物的固体废弃物,大部分的固化/稳定化处理的产品稳定性测试是在修复工作结束后进行的,尚且没有超级基金项目支持所获得的关于固化/稳定化产品的长期稳定性数据。

已有的关于采用固化/稳定化技术处理金属污染土壤的数据表明达到了项目设想的目标,而关于利用这一技术修复有机物污染土壤的数据很少,不过,也有几个项目达到了预想的目标。根据超级基金 29 个完成的固化/稳定化项目提供的信息,总成本在 75 万~1 600 万美元。平均处理 1 m^3 固体废弃物的成本是 345 美元,其中有两个项目的成本较高(大约为 1 600 美元/m^3)。

排除这两个项目之后,平均固化/稳定化 1 m^3 固体废弃物的成本是 253 美元。

案例四:广东某工业场地重金属污染土壤稳定化修复工程

该工程以广东省某工业污染场地重金属 Ni、Pb、Hg 污染土壤为研究对象,分别添加不同稳定化药剂以及不同投加比进行稳定化处理,并通过毒性浸出试验来判断其稳定化效果,从而筛选出最适宜的稳定化药剂和投加比,并将该药剂用于工程实施。该场地位于珠江三角洲腹地,整体地势东高西低、南高北低,地下水埋藏浅,径流途径短,总体流向大致为由南向北,松散岩类孔隙水各含水层存在连通现象。场地内土层自上而下可划分为 4 层:填土层(杂填土为主,含砖块碎石)、粉质黏土层、粉砂和淤泥质土层、花岗岩层。整个调查区域内共设置 108 个土壤采样点,采集 482 个土壤样品,结果显示调查区域内土壤受到重金属 Ni、Pb、Hg 不同程度的污染。其中,Ni 超标率为 12.85%,平均浓度为 54 mg/kg,最大浓度为 987 mg/kg(Ni 评价标准为 150 mg/kg),最大浓度超标 5.58 倍;Pb 超标率为 10.32%,平均浓度为 129 mg/kg,最大浓度为 1 287 mg/kg(Pb 评价标准为 300 mg/kg),最大浓度超标 3.29 倍;Hg 超标率为 4.3%,平均浓度为 1.47 mg/kg,最大浓度为 14.2 mg/kg(Hg 评价标准为 4.0 mg/kg),最大浓度超标 2.55 倍。

该工程采用异位修复作业,污染土壤清挖后应运输至修复作业区进行暂存、预处理和稳定化处置,根据设计方案环境保护要求,在就近区域建设异位修复作业区。首先对修复作业区内场地进行平整清理,并用水准仪进行地面找平、划线,为防止污染物下渗,根据设计要建设防渗层,自下而上依次铺设"两布一膜"(其中 PE 1 m)。将清挖出的污染土运输至异位修复作业区暂存,采用专业筛分混合设备(ALLU 筛分破碎斗)进行破碎、筛分等预处理,确保筛下物粒径小于 5 cm。当污染土的含水率和粒径达稳定化混合设备进料要求时,分批次向污染土中投加稳定化药剂(膨润土加磷酸盐复配药剂),投加比为 3%,安全系数按 12 计,采用 ALLU 筛分混合设备对药剂和污染土进行充分混合,混合时间为每批次 2~25 h。药剂与污染土混合处理后,转运至待检区堆置成长条土垛进行养护,用防尘网和防雨布覆盖,养护期间定期采集土壤样品检测其含水率,若小于 25%,须及时洒水,使混合土壤含水率保持在 25%~30%,养护时间在 20 d 以上。修复后的土壤基坑底部和侧壁土壤样品中污染物 Ni、Pb、Hg 总量的最大值分别为 64 mg/kg、119 mg/kg、0.5 mg/kg,平均值分别为 35.8 mg/kg、46.6 mg/kg、0.34 mg/kg,均低于项目要求的修复目标值 150 mg/kg、300 mg/kg 和 4.92 mg/kg,基坑清挖合格。修复前土壤中 Ni、Pb、Hg 最大浸出浓度分别为 0.259 mg/L、0.063 mg/L、0.008 7 mg/L,经稳定化修复后最大浸出浓度分别为 0.048 mg/L、0.02 mg/L、0,均低于《地下水质量标准》(GB/T 14848—2017)Ⅲ类标准,验收合格方可进行阻隔回填。

案例五:某老工业区含砷、铅冶炼废渣污染场地修复工程案例

该项目治理的场地堆存含重金属废渣,主要来源于老工业区冶炼、化工企业的倾倒,这些企业均已破产关闭或关停搬迁。场地主要污染物为重金属砷、铅,均属于《重金属污染综合防治"十二五"规划》中重点防控的污染物。场地紧挨某河,距河岸约 15 m,该河水质类别为Ⅲ类水。由于废渣没有采取任何覆盖和防护措施,雨水冲刷、自然沉降及人为活动都很容易使场地的重金属污染物通过地表径流和地下水向河流扩散,造成重金属污染。污染最严重的地方位于某点位表层,砷含量为 12 600 mg/kg,铅含量为 7 100 mg/kg,分别是《土壤环境质量 建设用地土壤污染风险管控标准(试行)》(GB 36600—2018)中第二类用地筛选值的 209 倍和 7.9 倍。随深度的增加,重金属含量逐渐降低,当深度达到 2.5 m 时,样品砷含量为 32~47 mg/kg,铅含量为 270~310 mg/kg,低于标准限值要求。

该项目将含重金属废渣及污染土壤进行就地固化/稳定化处理,处理后异地安全填埋,原场地回填新土并绿化,达到消除隐患、恢复生态的目的。采取分批次与分地块相结合的方式处理遗留废渣和被污染土壤。工程遗留废渣及污染土壤原地异位固化/稳定化治理工程分为四个阶段:现场前期准备阶段、第一步处理阶段、第二步处理阶段、收尾和竣工阶段。

(1)现场前期准备阶段。对治理场地进行布置,包括公用设施接入、设备安装调试、人员准备等;清运现场施工准备,包括临时设施、场地分区等;选取所需处理的遗留废渣和污染土壤,经实验室检测分析验证污染浓度;根据检测结果,计算出各种固化/稳定化剂的添加量。

(2)第一步处理阶段。将污染物浓度高的废渣挖掘至处理场地,投加 10%~15%的药剂 1(甲壳质),并投加适量的水,根据现场实际情况采用筛分铲斗进行预处理,采用双轴搅拌机对废渣和污染土壤进行搅拌,搅拌均匀后放置反应。该项目采用的甲壳质是利用虾、蟹等节肢动物的外壳制成,分子中含有螯合基团,与重金属砷、铅生成稳定的络合物或螯合物,可以长效稳定重金属。

(3)第二步处理阶段。待第一步反应完全后,向处理过的废渣中投加 5%~10%的药剂 2(聚合硫酸铁),通过使用双轴搅拌机对废渣(污染土壤)进行搅拌,后加入药剂 3(普通硅酸盐水泥),通过使用双轴搅拌机对废渣(污染土壤)进行搅拌,搅拌均匀后放置反应。普通硅酸盐水泥与污染土壤混合,使土壤硬化,混合物干燥后形成硬块。固化程序可避免固化物中的化学物质流散到周围环境中,来自雨水或其他水源的水,在流经地下环境中的固化物时,不会带走或溶解其固化物中的有害物质。对于废渣和土壤的混合物及被污染的土壤,根据检测结果,投加不同浓度的药剂。对于废渣和土壤的混合物,投加 5%～10% 的药剂 1、1%～3% 的药剂 2 和 5%～10% 的药剂 3;对于被污染的土壤,投加 1%～5% 的药剂 1、1%～3% 的药剂 2 和 3%～5% 的药剂 3。重复上述两个过程。

(4)收尾和竣工阶段。治理后合格的废渣(污染土壤)经验收通过后,运至填埋场进行安全填埋。不合格的废渣(污染土壤)进一步处理至合格。

固化/稳定化修复后的渣土按照每个样品代表的土壤体积不超过 500 m³ 的频率采样检测,该项目验收采样共采集 27 个样品。样品采集过程严格按照采样规范布置采样点,所采样品送至具有相应检测资质的第三方检测机构进行分析检测。结果表明,经固化/稳定化技术修复后的污染废渣及污染土壤目标污染物浸出浓度值均达到修复目标要求,修复效果良好,有效态砷的去除率可达到 98%。该项目采集的样品全部验收合格。

案例六:无锡市某工业企业退役场地污染调查及土壤修复工程实例

无锡市某工业企业从事高中低压管道配件和阀门执行器的制造、冷作、金属切削加工等业务,下设生产车间、酸洗车间、废水处理站、固废堆场、成品库、酸洗槽和办公楼等场所。根据无锡市总体规划要求和工业布局调整规划的需要,该企业响应市政府"退城园"号召,已整体搬迁无锡市某工业园,退役场地规划用作安置房建设。业主委托研究所对退役场地进行污染调查和风险评估,并委托某公司对污染土壤进行清运和修复。

根据退役场地的原平面布置图,结合生产工艺特点,对原厂区进行布点采样,其中生产区域采用 5 m×5 m 的小网格布点,办公生活区采用 25 m×25 m 的大网格布点。

在退役场地内共设置 24 个采样点,每个采样点分别采集 0.3 m、0.6 m、1.0 m、1.5 m、2.0 m 深处的土样进行检测。

将采集的土样进行分析检测,根据主要生产工艺及原材料产品性质,确定主要检测项目为重金属 Cr 和 Ni。由于该场地作为居住用地进行开发,因此采用《土壤环境质量　农用地土壤污染风险管控标准(试行)》(GB 15618—2018)二级标准中的居住用地标准值作为修复目标值,即总铬 800 mg/kg、总镍 200 mg/kg。将检测结果中的超标土样进行汇总。

根据土壤检测结果,结合准则中确定的土壤修复目标值,运用 Surfer 等模拟软件进行退役场地需修复土方量的估算,得出需修复的区域面积约 700 m²。污染深度主要集中在 1 m 左右,基坑开挖深度确定为 1.3 m。因此,确定该场地的修复工程量为 910 m³。

根据确定的污染范围,用 PC250 挖机进行挖掘,基坑深度需满足验收要求。基坑开挖完毕后,采集基坑底部和侧壁的土样进行监测,监测结果显示基坑土壤中的总铬、总镍的含量满足验收要求。

将挖出的污染土壤采用固化/稳定化的工艺进行修复。首先将污染土壤混合均匀,根据土壤中重金属的含量,添加适量的化学药剂(改良剂或钝化剂),并搅拌均匀,改变土壤的理化性质,使土壤对重金属产生强吸附或沉淀作用,降低土壤中重金属的生物有效性。完成固化后的土壤进行浸出毒性检测,若满足标准要求,则修复工作完成,否则继续添加化学试剂,继续搅拌反应工艺。

污染土壤经固化/稳定化技术处理后,对其进行随机布点采样,共采集 8 个土壤样品。处理后的土壤浸出液提取法采用《固体废物　浸出毒性浸出方法　硫酸硝酸法》(HJ/T 299—2007)中规定的方法,浸出液中重金属污染物含量不高于总铬 15 mg/L、总镍 5 mg/L。

检测结果表明,修复后的土壤毒性浸出液中的重金属含量很低,完全满足验收要求。监测合格的土壤运输至无锡市某废弃的矿坑进行填埋,矿坑底部和侧面为基岩,有很好的防渗性能,因此不会对地下水产生污染。所以,对于土壤中的重金属修复达到预期目标。

二、重金属土壤植物提取技术应用案例

农田土壤环境质量关系到农产品安全生产和农田生态系统安全、稳定性和生产力。近几十年来,随着我国经济社会的快速发展,农田土壤污染和质量下降问题日趋严重,农产品质量安全越来越引起社会各界的高度关注。2014年《全国土壤污染状况调查公报》显示,我国农田土壤污染点位超标率为 19.4%,以重金属污染为主,其中 Cd、Hg、As、Cu、Pb、Cr、Zn 和 Ni 共 8 种无机污染物点位超标率尤为突出;从污染分布情况看,北方污染相较于南方略轻,东北老工业基地、长江三角洲、珠江三角洲等区域土壤污染问题较为突出,而这些地区是我国的粮食产区。目前,农田重金属污染修复的一般思路为:从技术途径上,一是降低重金属总量,二是降低重金属活性,三是降低重金属的食物链风险。目前,重金属污染农田土壤常用的修复技术包括工程修复(如换土法)、钝化修复、植物修复、化学淋洗修复、农艺调控修复等。在众多重金属

污染农田修复技术中,植物修复因其原位性、成本低、不破坏土壤理化性质和结构特征,不引起二次污染等优点,表现出广阔的市场前景。单独采用超积累植物修复重金属污染土壤周期长、见效慢,可与低积累的农作物同时种植实现边修复边生产的目的。

案例一:湖北省某农田土壤重金属污染修复

湖北省有一块农田因长期污水灌溉造成重金属污染,经调查:该区域土壤pH 为 7.5~8.1,呈现弱碱性,并且存在不同程度的重金属 Zn、Cd 污染,其中 Zn 的最大检出浓度为 404 mg/kg,平均浓度为 339.5 mg/kg(pH>7.5 时,Zn 标准评价为 300 mg/kg);Cd 的最大检出浓度为 2.91 mg/kg,平均浓度为 0.65 mg/kg(pH>7.5 时,Cd 标准评价为 0.6 mg/kg)。采用植物提取技术进行该项目中重金属 Zn 和 Cd 的修复。第一阶段种植 Zn、Cd 超积累植物——八宝景天,先对修复区内土地进行平整,清除残余作物和根系,对大块土地进行破碎处理,以利于幼苗移栽。3 月种植八宝景天之前,每公顷施加 22.5 t 有机肥作基肥,追加肥料后再施加自制的重金属活化剂(成分主要是苹果酸),经试验研究,每公顷农田施加约 22.5 kg。采用旋耕机将 0~20 cm 土壤混合均匀,灌溉养护 5~7 d 后,平整土壤修建田畦,移栽八宝景天,种植密度约 45 万株/hm²,行距约 20 cm。移栽后连灌 2 次透水,观察土壤和移植苗生长状况,适时灌水,但不能积水。当幼苗高约 8 cm 时,及时补齐缺苗,6 月上旬,小苗开始快速生长,注意控水,每 2 周浇水 1 次,有降雨和阴天时延缓浇水时间,经常保持土壤湿润,但不能渍水,每次灌水后,适时松土除草。7—8 月要严格控制浇水,结合浇水情况每公顷追加优质无机复合肥约 900 kg,分 2 次间隔施入。因八宝景天抗旱、抗寒性较好,至收割时可适度浇水除草,保持良好通风和光照条件。待 10 月底将八宝景天连根整株收割,并安全处置。八宝景天收获后,采用旋耕机对土壤再次进行平整、翻耕。种植小麦前每公顷土地施加生物有机肥(羊粪)15 t,然后施撒重金属钝化剂(成分为海泡石粉末、钙镁磷肥和牛粪),以降低土壤中 Zn、Cd 生物有效态含量,经试验研究,每公顷农田施撒约 1.8 t。翻耕 30 cm 耕作层,将肥料、药剂、土壤混合均匀,灌溉养护 57 d,修建田畦,10 月底种植小麦,种子撒播密度约 150 kg/hm²,行距约 35 cm。越冬前需大量灌水,忌冰层盖苗。在翌年 1 月中旬至 2 月下旬进行化学除草。2—3 月,每公顷土地追施尿素 150 kg,促进小麦返青拔节,提高小麦的分蘖率。3 月初要浇返青水,4 月中、下旬为小麦抽穗扬花期,为防治小麦病虫危害,延长小麦生长期,提高产量,可喷施杀虫剂,连续使用 1~2 次。同时,灌水 1~2 次,第 1 次灌水在初穗扬花期进行,以保花增粒促灌浆,达到粒大、粒重、防止根系早衰的目的;第 2 次灌麦黄水,以补充水分,并为复播第 2 茬作物做前期准备。翌年 6 月收获小麦,采集籽粒样品进行检测分析,重金属 Zn、Cd 总量低于修复目标值时,可食用或市场销售。完成第一轮修复,通过检测土壤和小麦籽粒中重金属含量变化,再进行第二轮和第三轮修复,即第二年 6 月开始重复第一阶段种植八宝景天,10 月底收割八宝景天后种植小麦,第三年 6 月收获小麦后再种植八宝景天,每轮修复结束后同时检测土壤和小麦籽中重金属含量变化。经过三轮修复后,土壤 pH 变化较小,为 7.5 ~ 8.0。土壤中 Zn 的浓度低于修复目标值;Cd 的浓度大幅度降低且低于修复目标值;八宝景天——小麦轮作模式对重金属 Cd 的去除率较 Zn 显著,为 9.23% ~ 20.83%,而 Zn 的去除率为 2.92% ~ 6.09%。

该工程修复规模为 39.09 hm²,采用八宝景天——小麦轮作的模式,配合施加重金属活化剂、钝化剂、复合肥等措施提升八宝景天对 Zn、Cd 的吸收量和生物量,最终土壤和小麦籽粒中 Zn、Cd 含量均达到修复目标值,实现边修复边生产的目的。高水平氮肥可以提高八宝景天地上部分生物量,重金属活化剂可强化并提升八宝景天对重金属的吸收,因此合理的肥料配比和施加量,适量的重金属活化剂是八宝景天修复 Zn、Cd 污染土壤的有力保障。

案例二:湖南郴州蜈蚣草植物提取修复示范工程

该示范工程是在国家高技术研究发展计划(863 项目)973 期专项和国家自然科学基金重点项目的支持下,由中国科学院地理科学与资源研究所陈同斌研究员建立的世界上第一个砷污染土壤植物修复工程示范基地。试验基地位于湖南郴州,修复前土壤被用于种植水稻。

在湖南郴州发生了一起严重的砷污染事件,此后 40 hm² 田弃耕。该稻田土壤砷含量在 24 ~ 192 mg/kg,由于用砷冶炼厂排放的含砷废水灌溉后导致土壤砷含量增加。砷主要聚集在土壤表层 0 ~ 20 cm、40 ~ 80 cm 土壤砷含量并未受明显影响。在 1 hm² 污染土壤上种植蜈蚣草,以检验在亚热带气候条件下修复砷污染土壤的可行性。植物修复田间试验于 2001 年开始进行并适时灌溉。植物移栽 7 个月后,将其地上部分收割,地上部分干重为 872 ~ 4 767 kg/hm²,地上部分砷含量为 127 ~ 3 269 mg/kg,这与原来土壤中砷含量显著相关。砷去除效率为 6% ~ 13%,表明蜈蚣草在田间能有效提取土壤中的砷。

三、重金属土壤联合修复技术应用案例

广东省某镇是全国最大的废旧电子电器拆解基地之一,多年来该镇废旧电子电器拆解过程中产生的"三废"未经处理直接排放,使当地环境受到污

染。受该镇河流污水灌溉、废旧塑料回收和大气沉降的污染影响,农田土壤中重金属含量普遍超标。为恢复农田的正常使用功能,保证生产食物的质量安全和人体健康,对该镇农田土壤进行土壤修复。项目待修复农田土壤面积共计 9 亩(约 6 000 m²),通过前期土壤调查监测,待修复土壤中重金属含量如表 3-2 所示,《土壤环境质量　农用地土壤污染风险管控标准》(GB 15618—2018)风险筛选值如表 3-3 所示。

表 3-2　待修复土壤中重金属含量

采样深度/ cm	pH	镉(Cd)/ (mg/kg)	汞(Hg)/ (mg/kg)	砷(As)/ (mg/kg)	铜(Cu)/ (mg/kg)	铅(Pb)/ (mg/kg)	铬(Cr)/ (mg/kg)
0~20	6.07	0.10	0.705	9.31	60.1	79.3	58.3
20~40	6.43	ND	0.327	6.49	19.4	65.8	69.3

注:ND 表示未检出,即监测结果小于方法检出限。

表 3-3　农用地土壤污染风险筛选值(基本项目)　　　单位:mg/kg

污染物项目		风险筛选值			
		pH≤5.5	5.5<pH≤6.5	6.5<pH≤7.5	pH>7.5
镉(Cd)	水田	0.3	0.4	0.6	0.8
	其他	0.3	0.3	0.3	0.6
汞(Hg)	水田	0.5	0.5	0.6	1.0
	其他	1.3	1.8	2.4	3.4
砷(As)	水田	30	30	25	20
	其他	40	40	30	25
铅(Pb)	水田	80	100	140	240
	其他	70	90	120	170
铬(Cr)	水田	250	250	300	350
	其他	150	150	200	250
铜(Cu)	水田	150	150	200	200
	其他	50	50	100	100
镍(Ni)		60	70	100	190
锌(Zn)		200	200	250	300

注:①重金属和类金属砷均按元素总量计。
　　②对于水旱轮作地,采用其中较严格的风险筛选值。

通过对污染土壤的调查分析,修复农田表层土壤(0~20 cm)受到了重金属污染,污染物主要为 Cd、Hg 和 Cu 三种元素,下层土壤(20~40 cm)没有受到重金属的严重污染,整体呈中度-轻度污染情况。表层土壤中还存在多溴联苯醚(PBDEs)等有机物污染。该项目的修复目标是经过土壤修复后,受污染农田土壤重金属含量达到农用地土壤污染风险筛选值要求,PBDEs等主要有机污染物含量有所降低,农产品重金属含量达到《食品安全国家标准 食品中污染物限量》(GB 2762—2022)标准要求,饲料达到《饲料卫生标准》(GB 13078—2017)的相关要求。

考虑待修复土壤的污染类型和修复目标、综合技术、经济情况,修复工程修复年限定为两年,采用土壤深翻-植物、微生物联合修复技术方案,具体实施步骤及主要技术参数如下:

(1)建设和修缮农田基础设施,施加绿色有机肥(如青草和玉米叶子等)、有机复合肥(105 kg/亩)和营养盐(70 kg/亩)进行培肥,平整、深翻(翻土深度40 cm)需要修复的农田。

(2)经过平整、翻耕的农田间种苎麻和苜蓿两种修复植物,其中苎麻2 500 kg/亩,苜蓿1 kg/亩。

(3)在修复植物收获后,种植下一季修复植物前,每亩施用53 kg生石灰和18 kg铁剂钝化剂,对土壤重金属进行稳定。

(4)生态修复植物收割之后,需要对修复植物及农田土壤进行采集及分析测试,以评价工程修复的效果,修正和完善实施方案,并对修复植物进行后处理,符合饲料标准的,统一收获后交饲料加工厂处理;如果不符合饲料标准的,作为生物质能源进行发酵。

(5)重复步骤(1)~(4)。

(6)经过两年修复后,适当施加生石灰调节土壤pH至6.5以上,同时改变农作物种类,种植重金属吸收积累低的蔬菜品种,如茄果类蔬菜等。

对比修复前土壤的监测数据以及《土壤环境质量 农用地土壤污染风险管控标准》(GB 15618—2018)可知,通过对受污染土壤进行两年的土壤深翻植物微生物联合技术修复后,土壤重金属含量达到农用地土壤污染风险筛选值要求;其中土壤中Cu、Hg、Cd的去除率分别为70%、57%、56%,去除效果最好;修复技术对金属Zn也有一定的去除作用,去除率为26%;但该技术对As、Pb、Cr基本上没有去除作用。PBDEs等有机污染物含量有所降低,削减率为18.8%,土壤修复基本达到了预期目的。

由上述实例可知,对农田土壤重金属中度污染问题,采用土壤深翻-植物、微生物联合修复技术进行修复是行之有效的方法。该方法改变了以往单一使用物理、化学或生物修复技术进行土壤修复的模式,尝试采用土壤深翻-

植物、微生物的联合修复技术,发挥物理、化学、生物的综合作用,使土壤修复达到了良好的效果。

(1)由于土壤污染集中在表层0~20 cm区域,在修复前先对表层的土壤进行平整、深翻,可快速降低表层土壤中污染物的含量,同时可降低农田表层土壤对植物的毒性,为后续植物、微生物修复创造有利条件。但平整、深翻后的土壤中重金属和有机物的总量依旧不变,需采用适当技术予以去除。

(2)土壤修复的传统技术主要是物理修复和化学修复,虽然能达到修复效果,但多少都会存在一些问题,如客土移植彻底稳定,但工程量大、投资高;化学淋洗快速高效,但可能造成土壤和地下水的二次污染。本案例中主要利用生物修复,既达到了修复目的,又避免了二次污染,具有成本低、操作简单、无二次污染、处理效果好的优势。

第五节　新型修复技术

2014年,欧洲环境署的一份报告显示,欧洲有近250万个潜在污染场地,其中72%的场地是由废物处理和处置以及工业和商业活动造成的。不过这些数字只对应一些欧洲国家的数据,所以实际数字应该高很多。同样在美国,美国农业部和内政部至今没有完整的清单。鉴于此,对受污染场地进行更广泛的评估是必要的,也是极其紧迫的。必要时,应随后实施最合适的修复技术。因此,收集关于现有修复技术最新进展的知识以及开发新的修复技术,通过使用创新技术和新材料来应对新的污染挑战是十分重要的。

本节后续的目的是收集关于土壤修复的新兴或创新修复技术(如纳米技术),解读土壤修复行业的发展趋势,这可能有助于读者对土壤修复行业的最新进展有更全面的了解。

一、纳米技术

研究人员已经对土壤修复的不同方法和材料进行了研究。纳米材料特有的大表面积使得颗粒表面的反应位点密度更高,从而提高了去污率和整体效率。根据修复应用的要求,纳米材料可以通过可控和可选择的合成进行设计,使其具有可改进和可调整的物理和化学性质。工程纳米材料可以在其表面进行功能化,以便它们可以与亲和分子(污染物)发生特定的相互作用,从而进行有效的修复。与基于单一类型纳米粒子的方法相比,复合材料满足其中每种组分期望的特定性质,是更有效、有选择性和更稳定的纳米材料。用于土壤修复的纳米粒子可根据其作用机制分为纳米吸附剂和反应性纳米材料,它们通过化学反应如酸碱中和反应、氧化还原反应、沉淀反应、催化反应和光催化反应对土壤进行修复。在实际应用中,可利用压力或重力将纳米颗粒的胶体悬浮液或水悬浮液注入或喷洒到污染土壤中。

纳米技术用于土壤污染修复是一种具有潜力的修复方式,本节旨在概述用于土壤修复的功能性纳米粒子和纳米复合材料领域的最新进展。

(一)常见纳米材料

1.纳米零价铁

纳米零价铁(nZVI)是土壤修复中应用最广泛的纳米材料之一,由于其污染物去除效率高、生产成本低,已由实验室推广至实际污染修复中。nZVI 是吸附和降解多种污染物的有效修复剂,如重金属、多氯联苯、含氯农药、硝基芳香化合物和硝酸盐。nZVI 的直径一般在 100 nm 以下,可注入土壤进行原位修复。在水介质中,nZVI 与 H_2O 及溶解氧(DO)反应,形成一个包含零价铁或金属铁核的核孔结构,壳层由 nZVI 氧化形成的铁氧/氢氧化物组成。薄壳允许电子从核心转移,形成较强的还原能力($Fe^{2+} + 2e^- \rightarrow Fe$,$E_0 = -0.44$ V)以降解污染物。该层还可以作为重金属和准金属等污染物的有效吸附剂 nZVI 的核壳模型,其与不同污染物的反应机制如图 3-2 所示。

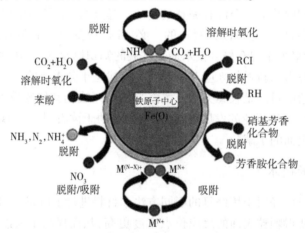

图 3-2 nZVI 的核壳模型及与不同污染物的反应机制

nZVI 粒子通常通过自上而下的方法(如光刻)和自下而上的方法制备(如水相还原 Fe^{2+}/Fe^{3+} 和氢气气相还原氧化铁)。然而由于传统方法会造成环境污染,研究人员正在开发遵循绿色化学的新方法。例如,可以从树叶、芒果青皮等天然资源的提取物以及食品工业残渣中制备抗氧化剂提取物与 Fe^{3+} 和 Fe^{2+} 反应形成 nZVI。

然而 nZVI 在实际应用中可能存在重大缺陷,主要是由于其活跃的颗粒间相互作用,导致 nZVI 凝聚成微米或毫米级的聚集体,导致其反应性和在土壤中的传质性降低。为了改善 nZVI 稳定性并加强其在多孔介质中的扩散,通常用稳定剂对其进行改性。目前使用的大多数稳定剂是合成聚合物,如聚电解质、三嵌段聚合物、天然有机物,它们通过静电斥力避免团聚,还可以将其封装在乳化植物油滴中来稳定。另外,使用活性炭胶体(ACC)获得碳-铁复合物也是有效的稳定方式。在复合物中,ACC 作为稳定剂,通过带负电荷的胶体的静电排斥来防止 nZVI 的聚集。碳-铁已经在德国一个受四氯乙烯/高氯乙烯(PCE)污染的场地成功地进行了应用,显示出数米的运移距离和快速的PCE 分解能力。

2. 碳基纳米材料

碳基纳米材料因其优异的导热性、导电性、机械强度和光学性能而引起了学者广泛的研究兴趣。碳基纳米材料由各种不同几何形状的碳同素异形体组成,其化学和电子特性由碳-碳键的主要杂化状态决定。多样的杂化状态可以产生不同的结构构型(见图 3-3)。

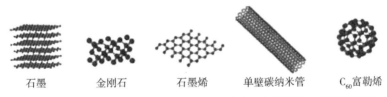

石墨　　　金刚石　　　石墨烯　　单壁碳纳米管　　C_{60}富勒烯

图 3-3　具有 sp^2 和 sp^3 杂化同素异形体的碳基纳米材料的不同结构构型

石墨烯是由六元环组成的 sp^2 杂化碳的平面单原子厚片,比表面积几乎是单壁碳纳米管的两倍。石墨烯可以定义为单层石墨。在石墨烯中,碳原子之间的化学键非常强,石墨烯片之间的范德华力相互作用相对较弱,从而形成具有高耐久性和柔韧性的稳定材料。此外,错位 p 电子的高电子迁移率使石墨烯成为一种导电性能非常好的材料。氧化石墨烯(GO)是石墨烯的一种高度氧化形式,含各种含氧官能团,如羧酸、环氧化物和羟基酸,可作为有成本效益的生产石墨烯基材料的前体。GO 中层状结构的强酸性促进了与碱性污染气体(如氨气)以及阳离子金属[铅(+2)和铬(+6)]的相互作用。

碳纳米管是卷成中空圆柱体的石墨烯片。碳纳米管可以根据包裹在管内的石墨烯片的数量进行分类,例如单壁碳纳米管和多壁碳纳米管。最小的单壁碳纳米管的直径约为 0.4 nm。与石墨烯类似,碳纳米管由于其结构中碳原子之间的强共价键具有强大的力学性能,考虑到其拉伸强度和弹性模量,碳纳米管是最强和最刚性的材料。碳纳米管具有大的比表面积,能够通过吸附作用有效地吸引和固定重金属。一些研究已经对碳纳米管在去除铜(+2)、铅(+2)、镉(+2)、锌(+2)和汞等金属方面的应用进行了探索,并取得了令人满意的结果。另外,碳纳米管的大比表面积导致它们之间通过范德华力相互作用形成团聚体,减少了吸附位点。为了提高其效率,碳纳米管可以通过机械方法(超声波)或通过化学改性(向碳纳米管表面添加表面活性剂)来稳定。这两种方法都可以用来确保碳纳米管的有效长期分散。

富勒烯是非常稳定的球形中空分子,也来源于石墨烯。最稳定的富勒烯是 Buckminster 富勒烯或 C_{60} 富勒烯,它是由 60 个碳原子组成的完美球体,直径约为 0.7 nm。它有一个笼状的融合环结构(切顶二十面体),类似一个足球,由 20 个六边形和 12 个五边形组成。

具有大比表面积和受限于团聚的单壁碳纳米管、多壁碳纳米管和石墨烯已经成为多种环境应用研究的对象。碳纳米材料成为从土壤、水和空气中去除有机污染物和无机污染物的理想选择。此外,碳纳米材料可以通过光催化过程降解污染物(见图 3-4)。当碳纳米材料受到适当波长的光照射时,价电子可以被提升到导带,从而形成电子–空穴对。石墨烯和半导体材料的不同混合纳米复合材料已经被制备并用于光催化。一般来说,光催化活性随着石

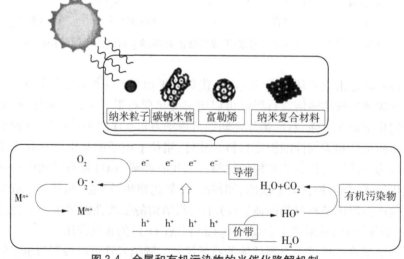

图 3-4　金属和有机污染物的光催化降解机制

墨烯比例的增加而增强;然而,当超过最佳石墨烯剂量时,效率往往会降低。

3.基于金属及其氧化物的纳米材料

磁铁矿(Fe_3O_4)是主要铁矿石之一。它是地球上所有天然矿物中最具磁性的。当 Fe_3O_4 粒子被缩小到纳米级时,它们是超顺磁性的,通过简单地施加外部磁场,使得它们易于从介质中分离和回收。此外,Fe_3O_4 纳米材料无毒且具有生物相容性。它们已被用于不同的环境应用,例如通过吸附或化学方法去除有机污染物和重金属。Fe_3O_4 纳米粒子是有效的有机污染物,非均相芬顿催化的芬顿试剂。芬顿催化反应是由电子转移引发的,其中亚铁与过氧化氢反应生成羟基自由基[见式(3-2)]。羟基自由基是负责有机物氧化的物种,理想情况下将有机物完全矿化为 CO_2 和 H_2O。羟基与有机化合物反应的主要类型包括从脂族碳中提取氢原子,添加双键和芳环,以及电子转移。然后,Fe^{3+} 还原为 Fe^{2+},形成氢过氧自由基($\cdot OOH$),它也是有机化合物的氧化剂[见式(3-3)]。

$$Fe^{2+} + H_2O_2 \rightarrow Fe^{3+} + 2 \cdot OH \tag{3-2}$$

$$Fe^{3+} + H_2O_2 \rightarrow Fe^{3+} + \cdot OOH + H^+ \tag{3-3}$$

另一种常用于土壤修复的纳米金属材料是二氧化钛。如果用适当波长的光照射二氧化钛,电子(e^-)从价带(vb)提升到导带(cb),从而产生光致空穴(h^+)。在价带中,h^+ 能与 H_2O 或 OH^- 反应而形成 $\cdot OH$,而 e^- 在导带中能与 O_2 反应产生超氧离子($O_2^- \cdot$)。活性氧 $\cdot OH$ 和 $O_2^- \cdot$ 以及光诱导的 h^+ 具有高氧化电位,并与有机污染物发生反应,导致其降解。但是,TiO_2 作为光催化剂有一些局限性,因为大多数激发的电子-空穴对在散热颗粒中或表面迅速重新结合,使得其在可见光范围内的吸收能力受到限制。因此,TiO_2 需要进行一些修饰以提高其光催化性能。一些贵金属,如 Ag、Au、Pt 和 Pd,能够沉积在具有氧空位的 TiO_2 纳米材料上,进而提高二氧化钛基光催化剂的可见光吸收能力。这种效果与这些金属充当电子陷阱的能力有关,降低了 TiO_2 中光生电子-空穴对的复合率,并增强了可见光吸收(见图3-5)。另外,TiO_2 中的氧空位可以促进吸附和非均相催化。

4.聚合物基纳米材料

纳米材料的优势与它们较大的比表面积有关,较大的比表面积为它们提供了高催化活性及高效吸附能力。然而,这种特性也可能由于粒子相互作用而导致纳米粒子的团聚性和低稳定性,从而限制了它们在该领域的应用。使用聚合物作为基质或支架来规避纳米材料的局限性已被广泛提出。此外,聚合物还可以提供其他理想的物理化学性质,如提高机械强度、热稳定性、水分

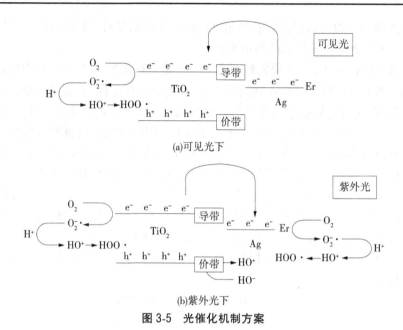

(a)可见光下

(b)紫外光下

图 3-5　光催化机制方案

稳定性、耐久性和可回收性。根据形成过程,这些聚合物纳米复合材料可以通过不同的方法合成,例如熔融插层,其中聚合物在其软化点以上,在没有任何溶剂的情况下与主体接触;原位聚合,通过提供更好的纳米粒子分散,从而在纳米材料和聚合物之间获得更强的相互作用;或者通过直接混合,简单地使纳米粒子和聚合物接触。聚合物基纳米材料已被用于被重金属、有机物或染料等污染的各种环境介质,如地下水、工业废水、气体和土壤。惰性有机聚合物,如羧甲基纤维素、聚天冬氨酸或聚丙烯酸等,可作为稳定剂用作纳米粒子的表面涂层,通过产生电子负电荷,促进纳米粒子之间或同土壤颗粒间的相互排斥,从而增强其在土壤中的迁移能力。另外,不同的聚合物,如聚吡咯、纤维素、聚甲基丙烯酸甲酯或聚噻吩等,已被用作去除重金属离子的吸附剂。其中,以 N,N′-亚甲基-双(丙烯酰胺)为交联剂,丙烯酰胺在磁流体存在下经反相微乳液聚合合成了一种新型磁性纳米复合材料(M-PAM-HA),研究表明,其对镉、铅、钴和镍的去除效果良好。这种纳米复合材料通过其聚合物基质对选定的阳离子具有相对选择性,且在外部磁场作用下易于从介质中分离。其中,二价金属离子在 M-PAM-HA 中形成配合物是主要的吸附机制。此外,两性聚氨酯纳米粒子已被用于土壤中 2-甲基萘(2-MNPT)的修复。亲水性胶束状纳米聚合物的表面增强了其在土壤中的流动性,而材料内部的疏水性赋予其对疏水性有机污染物的亲和力,以及在土壤上极低的吸附性。被包埋的2-MNPT会被不动杆菌生物降解。土壤修复完毕后,大部分纳米聚合物颗粒只需要简单的洗涤步骤就可以被回收。

5.硅基纳米材料

基于二氧化硅的纳米材料(如气相法二氧化硅纳米粒子、二氧化硅包覆的磁性纳米粒子或介孔二氧化硅材料)表面上存在的羟基使得它们改性并可用作吸附剂或其他活性成分的固定载体。特别是介孔二氧化硅材料因其大的比表面积和可调节的孔结构而受到广泛关注。图3-6显示了用聚乙烯亚胺(PEI)部分修饰的介孔二氧化硅纳米粒子的结构,PEI是一种有机污染物的固结聚合物吸附剂,它含有大量的伯胺、仲胺和叔胺基团。介孔二氧化硅材料也可以作为生物修复中催化酶固定化的载体。比如,大孔磁性介孔二氧化硅颗粒可作为漆酶载体,在连续地重复使用循环中提高了催化活性和稳定性。此外,铁氧化物纳米粒子在磺化二氧化硅颗粒上的固定化,可防止纳米粒子聚集,从而高效降解三氯乙烯。二氧化硅纳米粒子可被磺酸盐基团官能化,为Fe^{3+}/Fe^{2+}提供了离子交换平台。

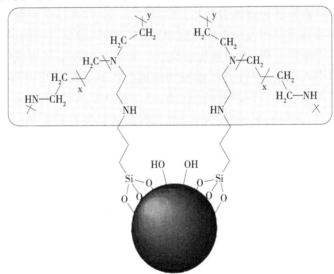

图3-6　聚乙烯亚胺(PEI)部分修饰的介孔二氧化硅纳米粒子的结构

(二)纳米土壤修复技术概述

在确定用于土壤修复的催化剂后,应解决它们在修复系统中的应用方式。已有的各种技术方法可分为异位(污染土壤被挖掘)和原位(污染土壤不挖掘),以及场外(废物在场外设施处理)和场内(废物在同一地点处理)。一般来说,土壤处理技术可分为物理、化学或生物过程。经上述方法处理后,土壤中的潜在有毒化学物质可能仍存在风险,且可能受到经济和环境限制。持续寻找并实施新策略以去除土壤中存在的持久性污染物应被视为第一要务,目前,纳米技术已为该领域开发更有效的技术创造了机会。

例如,nZVI 已被应用于可渗透反应屏障(PRB),该屏障旨在拦截和处理地下的污染羽流。PRB 最简单的形态是一条使用合适的反应性或吸附性介质填充的横跨地下水羽流路径的沟渠,以去除地下水污染,从而保护下游水资源或受体。这种被动处理系统已被用于处理含氯烃类、芳香族硝基化合物、多氯联苯,甚至铬酸盐等污染物。nZVI 用于处理持久性有机污染物有两个潜在的优势:①纳米粒子可以通过注射输送到深层污染区;②nZVI 由于反应活性的提高,在降解某些污染物方面更有效。注射方法以及注射点的间距和分布取决于处理场地的地质特征、污染物的类型和分布以及待注射纳米级材料的类型。目前,nZVI 技术的应用考虑通过重力进料或压力直接注入。直接注入可以通过直接推进技术或通过各种类型的井(如临时或永久注入井)进行。纳米材料原位修复还包括压力脉冲、液体雾化注射、气动压裂和水力压裂等技术。压力脉冲技术利用大幅度压力脉冲将 nZVI 插入地下水位的多孔介质中,之后通过压力激发介质,增加液位和流量。液体雾化注射使用载气将 nZVI-流体混合物引入底土,nZVI 在气溶胶中的混合流动会形成更有效的分布,这表明该方法可用于渗透性较差的地质地层。压裂注入(气动或液压)是一种高压注入技术,使用压缩气体(气动)或含砂的高黏度水基泥浆(液压),使岩石或其他低渗透地层破裂,让液体和蒸汽通过已建立的通道快速输送。

(三)纳米材料在土壤修复中的应用限制

尽管基于纳米技术的修复技术效果令人满意,但它们在实际规模上的采用并不如预期迅速。基于纳米技术的土壤修复范例数量相对有限,主要原因是缺乏关于纳米粒子中长期环境影响的研究。迄今为止,纳米生态毒理学研究主要集中在水生生物上,包括水蚤、藻类和鱼类。与这些研究相比,对土壤生物影响的研究较少。已有研究发现含有纳米颗粒的土壤会使得暴露于纳米颗粒中的蠕虫减少繁殖,延缓生长,并增大死亡率。除纳米颗粒及其副产品的潜在毒性外,修复场地恢复的成本也是需要考虑的重要因素。在 2001 年首次举行 nZVI 技术演示时,由于供应商供应的数量有限,nZVI 的成本被认为很高。此外,由于缺乏足够的表征、质量保证和控制程序,与实验室制备的纳米级材料相比,市场上可获得的纳米级产品的有效性和质量差异很大。直到

2016 年,20~100 nm 的 nZVI 成本才降低至 145 美元/kg,较低的 nZVI 成本和改进的质量控制可保证 nZVI 更高的同质性,使得该技术在当今的修复市场上更加可行。尽管在某些应用中成本可能仍然很高,但是与其他技术的生命周期成本相比,在场地上采用该技术的总成本是非常具有竞争力的。

二、超声波技术

超声波修复是一种新兴的用于修复污染土壤的技术,是降解有毒有机污染物的一种清洁、绿色的方法。超声波被定义为频率高于可由人耳响应的平均水平或高于 20 kHz 的各种类型的声音。在实践中,超声波用于不同用途的三个频率范围:高频或诊断超声、低频或常规功率超声波以及中频或"声化学效应"。低频(20~80 kHz)可以促进物理效应,而高频(150~2 000 kHz)可在水或浆料相中形成羟基自由基导致化学效应。由于超声波有良好的强度来加快物理和化学反应以及传质,其已经在环境保护和修复领域进行了大量研究和应用。超声波通常不作为独立的技术应用,而是与其他几种技术相结合,以改善传统方法来获得更好的修复效果。例如,超声波通常与电动修复技术或土壤淋洗技术相结合。一般来说,超声波作为一种修复技术依赖以下两种修复效果以从土壤和水中去除化学和生物污染物:第一种是由局部湍流产生的脱附机制,第二种是由自由基氧化反应引起的降解。超声波修复方法的成功率主要受土壤类型、土水比、水流速、超声持续时间、超声波频率和超声波能量等几个因素影响。

由于超声波技术在污染土壤修复中的研究和应用仍然有限,本节旨在阐述超声波技术的机制和超声波修复效果的影响因素,并对超声波在污染土壤修复中的应用现状及目前所取得的研究成果进行了介绍。

(一) 超声波对有机材料的脱附降解机制

超声波能加速浸出动力学,并通过扩散到最外层提高去除效率。与机械搅拌相比,利用超声波工艺的作用进行沥滤可提高去除效率,缩短处理时间。图 3-7 说明了常规沥滤和超声波沥滤之间的区别。

在土壤系统中应用超声波可以通过分解土壤基质来促进污染物的脱附。污染物从土壤表面的脱附很大程度上取决于系统吉布斯自由能的变化。在受烃类污染的土壤中,土壤氧化还原酶需要从土壤表面去除烃类分子。通过机械方法从土壤中去除烃类,必须有一定量的能量来改变总吉布斯自由能。超声波可以提高烃类的脱附率,这通常得益于集中的高能量和超声波的空化效应。超声波在土壤中强化烃类脱附的影响因素有声波强度、泥浆浓度和辐射

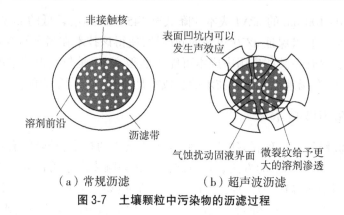

（a）常规沥滤　　　　　（b）超声波沥滤

图 3-7　土壤颗粒中污染物的沥滤过程

时间等。另外,泥浆的酸碱度、盐度和表面活性剂的存在等参数会影响吸附能,并且在土壤中烃类的脱附过程中也起着重要作用。

除了影响脱附过程,超声波还可以提高化学反应的速率。超声波修复降解有机污染物化学效应是一种氧化反应,通常发生在界面或液相中。由超声波空化引起的降解通过三种途径发生:自由基声解、在一定压力和温度条件下的热解和超临界水氧化。水中超声波处理产生氧化剂(如羟基、过氧化羟基)会与有机污染物发生反应,导致污染物的化学结构发生变化,使得具有复杂结构和高分子量的长碳链或芳香烃可以分解成更简单的烃类。例如,三乙烷和四氯乙烯可以被降解为氯离子、水和碳氧化物。

(二)影响超声波修复的因素

超声波修复在去除污染物方面的效果受以下因素影响。

1.粒度

超声波处理的污染物,去除效率在粗颗粒固体中比在细颗粒固体中显示出更高的效果。颗粒越细或越小的土壤,比表面积越大,毛细作用力越大,降低了污染物去除效率。较小的颗粒会降低超声波的声学效应,从而降低导致污染物脱附和降解的空化效应。

2.温度

因为超声波处理会产生高强度的能量,使周围环境的温度升高,也就是说,整体溶液的温度升高。温度是超声波清洗必须考虑的另一个重要参数。由于空化过程和纳米气泡的内爆,导致超声过程中的温度升高。随着超声时间的延长,升温速率加快。对污染物的解毒速率随着操作温度的升高而增大,进而增加吸附分子的内能,提供脱附过程所需的能量,并使吸附的分子更容易脱附污染物。

3.超声波功率

随着超声波功率的增大,会增大土壤表面基质上的剪切力和有机化合物在被辐照溶液中的扩散速率。这种现象将提高吸附在土壤上的化合物的脱附效率。然而,功率的急剧增大会破坏气泡动力学,因为它会使气泡在膨胀过程中异常生长,从而导致不良的空化现象和材料(气泡)生长。因此,频率和功率总是与气泡生长的平衡相关。反应速率随着超声波功率的增大而增大,但是超声波功率消耗与发电机或传感器使用的电能消耗有关,因此需要综合考虑技术成本。

4.超声波强度

超声波强度定义为单位时间内单位面积被照射的能量大小。选择合适的超声波强度不仅可以提高运行效率,还可以最大限度地降低运行成本。超声波强度可以增加空化气泡的数量。因此,预计超声波强度越高,反应越快。超声波辐射的最佳强度值为 $5 \sim 20$ W/cm^2。

5.超声波频率

辐射频率是影响超声过程的重要因素。超声波的物理效应在 $10 \sim 100$ kHz 的频率下才会发生。但高频也具有缺点,变压器长期使用容易腐蚀,且耗电高。解决该问题的一种方法是用两个或多个低频代替单个高频,此外,当使用两个或多个低频时,空化现象会更均匀地发生。并且大量研究表明,与单个反应器中的单一频率相比,使用两个或更多频率的超声波处理效率更高。

6.超声时间

超声时间在利用超声波技术修复土壤中起着重要作用。通常超声波的时间从几秒到几分钟不等。考虑到所需的能量消耗,确定最佳超声时间很重要。

(三)超声波修复的现状

人们发现超声波在修复重金属、有机物等各种污染土壤或沉积物方面具有潜在的应用价值。超声波工艺可用于持久性污染物,并能够降解稳定的污染物,如多氯联苯芳烃土颗粒中的氯。此外,还有许多其他有机污染已被证明可通过超声波降解,如氯化脂肪烃、芳香族化合物、多氯联苯、多环芳烃、酚类化合物、含氯氟烃、农药和除草剂等。有研究表明,超声波处理不仅提高了浸出率,还破坏了污染物。但是,超声波在土壤修复中的应用研究仍然有限。

三、低温等离子体技术

由于有机物对人类健康的有害影响,全世界对土壤有机污染日益关注。

为修复有机污染土壤,研究人员提出各种修复方法,例如物理修复、生物修复和化学修复。近年来,一种极具吸引力的高级氧化工艺(AOP)-低温等离子体技术,由于其能耗低、启动/关闭快及对土壤预处理要求低而受到关注。

(一)用于土壤修复的低温等离子体源

等离子体通常是电离气体,即物质的第四种状态,由大量高能电子、自由基、激发物种和光子等组成。等离子体是电中性的,即电子密度等于正电荷的密度。等离子体一词最早是由欧文·朗缪尔在1928年提出的,因为多组分、强相互作用的电离气体的特征看起来类似于血浆,所以被命名为等离子体。

不同结构的等离子体系统在运行时表现出不同的反应温度。电离等离子体通常分为两种类型,热等离子体和低温等离子体。常见的热等离子体有太阳等离子体、核聚变等离子体、激光聚变等离子体等。但是在自然界中,低温等离子体更为常见。

在非热等离子体中,高能电子在等离子体化学反应中起着最重要的作用。电子能量通常高达 $1\sim10$ eV,高到足以破坏大多数气体分子的化学键,并产生大量高能和化学活性物质(如自由基、激发原子、离子和分子)。另外,低温等离子体的整体气体温度可以低至室温,这显著降低了能量成本。

在大多数实验室条件下,低温等离子体源是气体放电,可以使用多种方法产生低温等离子体源,例如辉光放电、电晕放电、射频放电、滑动电弧放电和介质阻挡放电。各种等离子体已被研究用于土壤修复。

1.介质阻挡放电(DBD)反应器

DBD 等离子体是一种典型的低温等离子体,最初被称为无声放电,也称为臭氧产生放电。DBD 是一项相对成熟的技术,已经广泛应用于许多领域。DBD 通常是两个电极之间的放电,两个电极间被一个或多个绝缘介电层(如玻璃、石英和陶瓷)隔开,除放电空间外,还在金属电极之间的电流路径中产生一个或多个绝缘层。电介质的存在会妨碍 DBD 的直流工作,其频率通常为 $0.05\sim500$ kHz。由于气体放电在大量独立的电流丝或微放电中开始,在大气压下产生均匀和稳定的等离子体区域,这有利于等离子体的化学反应。DBD 常见的结构有平面或圆柱。DBD 具有以下优势:可在大气压或更高的压力下操作;可产生大量的化学反应物质;形成大且均匀的放电区域,显著提高了反应效率。

由于这些独特的性质,DBD 技术在环境保护领域的应用越来越受到重视。研究表明,DBD 技术可以非常快的反应速率降解所有种类的有机污染物。虽然 DBD 技术已被广泛用于空气污染和水污染控制,但其对土壤修复的研究仍处于起步阶段。最初,使用DBD对柴油污染土壤进行的修复研究显示出良好的修复性能。目前,DBD开始被用于处理不同类型的土壤,显示出良好的应用前景。

如图3-8所示,板-板和圆柱-板两种配置的DBD反应器主要用于土壤修复。板-板配置放电稳定,可有效修复有机污染。然而,受放电尺寸的限制,反应器的处理能力相对较差。在圆柱-板配置DBD反应器中,被有机污染土壤覆盖的接地平板电极可以通过发动机进行移动,对污染土壤的处理量更大、处理能力更有效。

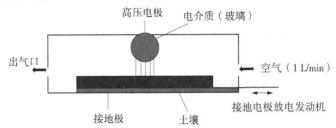

图3-8　DBD等离子体反应器的圆柱-板配置结构

2.电晕放电

电晕放电是一种典型的低温等离子体,通常在大气压下,在锐边、尖点或细线附近的强电场区域产生。电晕是一种不均匀放电,其中强电场、电离和辐射主要出现在电极附近。此外,随着电压和电流的增大,电可能转化为火花或电弧放电。上述缺点严重限制了电晕放电的大规模应用。通过脉冲电源将超短电压脉冲施加到电极之间,可以防止火花的发生。因此,输入的能量可以大部分转移到高能电子,高能电子负责产生化学反应活性物质以及化学反应的引发和传播,显著提高了反应效率。

电晕放电等离子体在处理空气和水污染方面已经进行了大量研究。近年来,越来越多的工作集中于修复被各种有机物(如氯酚、硝基酚、石油污染物、多环芳烃)污染的土壤。由于电晕放电的多针-板结构可以提供强电场,因此通常用于土壤修复。用于土壤修复的典型多针-板电晕放电反应器结构示意图如图3-9所示,针状电极(阳极)连接到高压,金属丝网电极接地(阴极)。被污染的土壤样品铺在接地电极上,同时也作为电介质。

为了大幅提升电晕放电对污染土的处理量,有学者制备了一种新颖的原位电晕放电技术(见图3-10)。将浅层土壤放在接地的钢壳内,该钢壳充当阴极;将单个通电的中央电极插入土壤中,作为阳极,在两个电极之间形成电晕

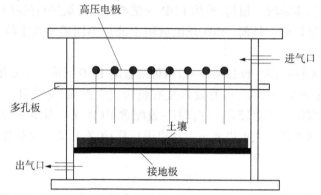

图 3-9　用于土壤修复的典型多针-板电晕放电反应器结构示意图

放电。通过改变土壤中的水添加速率,可以控制电晕放电的前向运动。因此,该方法有潜力扩大到工程应用以提高处理效率。

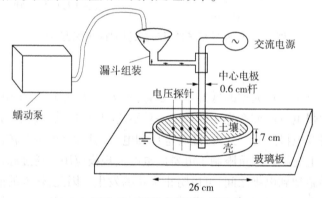

图 3-10　原位电晕放电技术

电晕放电可用于降解大多数有机污染物,如挥发性有机物、非挥发性有机物、含卤有机物、脂肪烃和芳香烃,并且受土壤渗透性约束不大。因此,与其他原位技术相比,原位电晕放电更具吸引力。

尽管电晕放电是一种可以有效处理各种有机污染物的技术,但它仍然存在一些限制其进一步应用的问题,如脉冲电源成本高、故障率高和电极寿命短。此外,对于非原位电晕等离子体,应仔细控制放电,以产生稳定有效的等离子体区域。

3.低温滑动弧等离子流化床

近年来,低温滑动弧等离子体与流化床结合被用于土壤修复。低温滑动弧等离子流化床反应器结构示意图如图 3-11 所示。两个分叉的刀形电极固定在聚四氟乙烯底座上,对称放置在气体喷嘴的两侧。等离子体区域在两个电极之间产生。抛物线形不锈钢网固定在等离子体区域上方,作为流化床的载体。通过将目标土壤放在金属网上,用气流悬浮,土壤可以有效地与等离子体区域接触进行处理。

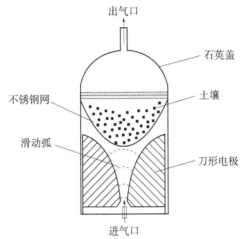

图 3-11　低温滑动弧等离子流化床反应器结构示意图

流化床反应器具有以下优点:①单位床体积内流体与固体的接触表面积极大;②流体和分散固相之间的相对速度大;③颗粒相高度混合;④频繁的颗粒-颗粒和颗粒-壁碰撞致使快速传热;⑤可以实现土壤的连续处理。低温滑动电弧等离子体提供了大量的活性物质、强电场、高辐射以及快速的化学反应速率,与流化床的结合有望显著改善修复性能。

(二)等离子体修复的影响参数

低温等离子体辅助土壤修复是一个相当复杂的过程,受许多参数的影响。以下介绍几个重要的影响因素。

1.外加电压

一方面,外加电压会显著影响等离子体的特性以及反应系统中的能量输入,因此是等离子体化学反应中的一个重要参数。另一方面,增大电压也可能产生更多额外的热辐射和光辐射,这可能降低等离子体化学过程的能量效率。因此,应该仔细控制施加的电压,以同时获得相对高的修复效率和能量效率。

2.土壤性质

修复过程会受到土壤性质的显著影响,例如土壤的有机质和水分。等离子体产生的高能电子和活性物质(如臭氧和·O)可以与土壤中的水分子发生反应,产生具有强氧化性的·OH。在·OH 的氧化作用下,目标污染物的降解反应很容易进行。另外,土壤水分可以显著影响土壤的导电性,从而影响电晕放电的前沿运动、运行模式和能量分布,导致化学反应路径发生变化。

3.载气类型和气体流速

在气体放电系统中,气体分子被强电场电离或被高能电子碰撞离解,产生等离子体区域。产生的活性物质的类型和数量与载气的类型密切相关。研究表明,在使用不同载气(空气、O_2 和 N_2)的情况下,使用 O_2 的降解效率最高,使用 N_2 的降解效率远低于使用 O_2 和空气的降解效率。考虑到空气易于利用,因此在实际应用中空气应优先用作载气。此外,载气的流速会影响放电过程、活性物质在土壤中的保留时间以及活性物质的传质过程。通过增大流速,可以增强反应物质的碰撞和反应活性。然而,高流速反过来会导致活性物质在土壤中的保留时间缩短,这不利于污染物的去除。

4.反应器配置

等离子体反应器的结构直接影响等离子体的特性。目前,常用的低温等离子体源有 DBD 放电和电晕放电,包括圆柱-板结构、针-板结构和板-板结构,它们都显示出较好的应用前景。其修复效率可以通过优化反应器配置来进一步提高,例如,改善电极的材料和形状、介电层的材料和电极之间的间隙。

5.污染物结构及其含量

污染物的结构及其在土壤中的含量也是等离子体土壤修复过程中的重要参数。另外,完全去除有机物所需的时间与有机物中的碳原子数呈正相关,与其挥发性呈负相关。土壤中污染物初始浓度的差异也会导致降解效率的差异,因为污染物分子与活性物质的碰撞概率随着污染物浓度降低而降低,导致降解效率降低和能耗增加。

6.其他影响参数

其他各种因素,如电介质材料、土壤厚度、反应器内的压力和温度及处理时间,都会在一定程度上影响修复性能。例如,土壤厚度可以显著影响放电间隙距离和土壤中活性物质的迁移过程,从而影响有机物的降解效率。同时,土壤在等离子体反应器中的停留时间也是一个重要的参数,可以显著影响降解效率和产物的分布。等离子体辅助土壤修复的研究尚处于起步阶段,对上述影响因素的研究有限,迫切需要进一步的研究来实现这一技术的实际应用。

(三)等离子体修复有机污染土壤机制

等离子体化学反应主要通过以下三个步骤进行。

（1）在等离子体放电过程中可以产生多种化学反应物质,这在很大程度上有助于系统中化学反应的激发和传播。例如,空气等离子体放电可以产生高能电子、O_3 分子、·OH 含氧和氮的激发物质、氮氧化物等。

（2）等离子体中产生的大量活性物质可以在气相和土壤空隙中扩散,并在气土表面转移活性物种在气相和土壤之间的传质过程,可以显著影响污染物的修复反应。另外,化学反应可以反过来促进活性物质的传质过程。

（3）活性物种和目标污染物之间的化学反应是土壤修复的一个关键过程。对于高挥发性的有机物,降解过程主要通过两条途径进行:一是有机物在气流的作用下转移到气相中,然后与气体中的活性物质发生气相反应,土壤中剩余的有机物被土壤中活性物质的氧化反应降解,对于挥发性较低的化合物,氧化反应主要在土壤颗粒表面进行;二是活性物质可以通过扩散和吸附过程聚集在颗粒表面。

四、电动耦合技术

（一）电动可渗透反应墙原位修复污染土壤和地下水

我国地下水和土壤污染十分严重,主要污染物是重金属离子和有毒有害有机化合物。据调查,50%以上的城市地下水受到不同程度的污染。由于污染场地土壤成分、污染物类型和性质的差异,特别是在复合污染的情况下,单一的修复技术往往难以达到修复目标,电修复技术与其他修复技术的结合越来越受到重视。其中,电动-可渗透反应墙（EK-PRB）技术是电动修复（EK）技术与可渗透反应墙（PRB）技术的结合,结合电动和可渗透反应墙技术的优势,EK-PRB 技术可以同时原位修复无机和有机污染土壤。更重要的是,这种技术不仅对渗透性差的污染土壤修复能力强,同时不受场地、温度等因素的影响,而且可以有效防止修复造成的二次污染,修复成本相对较低。该技术正成为国内外土壤环境修复领域的研究热点。

1.EK-PRB 技术原理

EK-PRB 技术的基本原理是在电场中设置具有还原性的可渗透反应墙。污染土壤中的重金属离子和大分子有机胶束在电力的驱动下向两端的电极移动。在运动过程中,污染物被可渗透反应墙降解。图3-12 是 EK-PRB 技术的基本原理示意图。

该技术的成功应用有两个原因:①污染物在外部电场的作用下沿一个方向运动,PRB 可以在水力梯度作用下工作。②PRB 反应介质对污染物的吸附可以防止外部电极被污染。

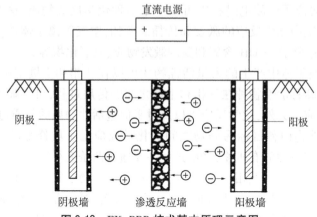

图 3-12　EK-PRB 技术基本原理示意图

2.EK-PRB 应用

(1)重金属污染的修复。目前,EK-PRB 技术修复的重金属和类金属污染土壤主要涉及砷、镉、铬和镍。电动修复与可渗透反应墙的联合修复技术在美、英等国家进行了大规模的试验和现场研究,取得了一定的成果。

(2)有机污染的修复。联合修复技术对有机污染物(POPs)、氯化有机物、柴油烃、抗生素、除草剂等有机污染物都具有较好的去除效果。

(3)对非金属盐的去除。目前 EK-PRB 修复技术对于非金属盐的去除研究进展主要在于其对被硝酸盐污染的土壤和地下水的修复。利用 EK-PRB 修复技术修复被硝酸盐污染的土壤去除率高,修复效果十分明显。

3.EK-PRB 的优势及局限性

EK-PRB 修复技术结合了 EK 和 PRB 的优势,对低渗透性土壤修复效果明显,经济效益高,二次污染少,应用范围广,在污染土壤原位修复方面有广阔的应用前景,但仍有一些问题有待进一步研究。例如,该技术处理时间较长,同时由于电动过程中偏极效应和对阳极电极材料腐蚀严重,所以在修复过程中需要额外加入缓冲液或者增强剂来增强修复效果,且在修复进行一定时间后需要更换 PRB 内部的填充材料。目前,EK-PRB 技术主要基于实验室研究,试验土壤大部分是模拟污染土壤,而实际污染场地的污染物比较复杂,所以目前的实验室研究不能很好地用于修复实际污染场地。此外,PRB 材料成本高,实际修复场地消耗大,造成资源浪费,并且反应墙的最佳位置仍有争议。当存在多个反应墙时,墙之间的相对位置以及墙与阳极和阴极之间的最佳距离仍然不确定。在修复操作过程中,存在电场极化现象,影响污染物去除效率。此外,在 EK 环境下,PRB 去除土壤污染物的机制需要进一步研究,且在电场的作用下可能会产生氯、三氯甲烷、丙酮等有害的副产物,需要进一步解决。

(二)电动-生物修复技术在烃类污染土壤修复中的应用

电动修复,通常称为电复垦、电化学土壤修复和电净化技术,是利用弱电场从土壤颗粒表面去除和降解重金属、有机化合物、无机化合物的技术。电动修复已经研究了近 20 年,这项技术已得到了长足的发展,然而与其他技术相比,其成本更高,并且还受一些因素的限制,例如高温、蒸发率、土壤条件、电极腐蚀、pH 控制和用电便捷性。

生物修复是目前最常用的污染土壤修复技术,其成本低、使用方便。此外,微生物在自然土壤中非常丰富,通常以群落形式附着在土壤颗粒上或悬浮在土壤孔隙生态系统中。然而,生物修复存在一些局限性,包括环境条件,电子受体、营养物和污染物的性质,微生代谢生长等。电动修复技术正好可以解决这一局限性并提高处理效率,尤其是在低渗透性土壤中。电动现象可以通过电渗、电泳和电迁移过程转移多种污染物、营养物及微生物。这种组合通常被称为电-生物修复、电动-生物修复和电动-辅助生物修复。如图 3-13 所示,表面活性剂能够充当增溶剂,通过胶束增溶降低表面张力并提高烃类污染物的溶解度,从而提高烃类污染物的生物降解率。在电动系统中,可以将表面活性剂添加到电解液室中,并通过电动土壤冲洗冲刷到土壤孔隙中,然后将其直接混合到反应器中。这项组合技术已成功去除了土壤中的烃类污染物。

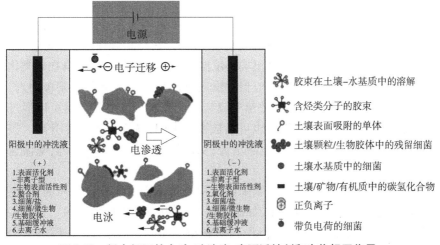

图 3-13　低电场下的电动、冲洗液、表面活性剂和生物相互作用

电动土壤冲洗–生物修复技术的基本原理是在不进行任何二次或多次提取电解液的情况下,处理土壤中的疏水性污染物。在自然衰减的情况下,电动土壤冲洗–生物修复只需要很短的处理时间(5~50 d)。但生物修复需要14~90 d才能完全降解并清除土壤中的污染物。此外,该技术适用于烃类污染土壤的原位处理和异位处理。电动修复中的电解液不仅包括表面活性剂和去离子水,还包括盐、氧化剂和螯合剂等增强剂,可以弥补表面活性剂的局限性。

电动土壤冲洗–生物修复处理烃类污染土壤的影响因素包括:功能微生物群落、土壤特征(含水量、pH、温度、微量和大量营养物的利用率)、结构和电动系统及烃类污染物的类型。同时,表面电荷、电解质性质和黏度等因素也与单一电动土壤冲洗密切相关。

1.微生物

微生物在中性或碱性pH下趋向带负电,可通过电迁移和电泳穿过土壤微孔从阴极迁移至阳极室。但是,由于电渗比电迁移更强,一些微生物可以保留在阳极附近。在微观上,微生物倾向于形成聚生体(生物胶体)并附着在土壤颗粒中。生物胶体可以通过电泳机制迁移到阳极。这种机制还可使胶束和胶体跨土壤孔隙进行迁移。微生物的迁移性强烈依赖于细胞壁的表面电荷及其对土壤表面的黏附能力。

2.环境条件

施加在土壤上的弱电场对微生物活性来说是把双刃剑。电解引起的pH变化导致微生物多样性和存活数量下降。尽管弱电场会导致代谢活性和细菌膜组成发生变化,但研究人员认为,直接刺激(电子从电极转移到细菌)和间接刺激(电子传递)会增加微生物的底物利用率并增强微生物的代谢活动。有研究表明,污染物距离电极越近,电强度越大,污染物处理效果越好。

电压和电流的施加可提高土壤环境温度。高温可提高微生物在烃类化合物生物降解过程中的活性。反应器中温度升高最大的区域位于阳极附近,归因于阳极发生的水电解反应(放热反应),因此该过程产生的热量可以通过电渗机制传递。同时土壤的阻力也可以被视作电阻,从而导致温度升高。温度升高会导致土壤含水率下降,电阻增大,从而使土壤表面出现裂缝,电渗速率降低。

电子受体的转移是改善生物降解过程的关键因素之一。众所周知,电动力学可以提供一些无机营养素,如硝酸盐、硫酸盐、磷酸盐、铵和氧。并且好氧(氧气)生物转化比使用键合氧化合物(硝酸盐或硫酸盐)更好。阳极水电解反应可创造好氧条件。但是,在实际情况下只有少量的氧可以被输送到土壤中。

土壤性质对电动过程有一定的影响。在天然土壤中应用电动过程的效率要低于模拟土壤。天然土壤中化合物的复杂性使得电动过程更加复杂。土壤渗透性也极大地影响了电动过程。土壤的渗透性越低,电渗流越大。另外,矿物质类型与土壤表面积密切相关,影响土壤表面电荷密度。大表面积可提供大量负电荷,从而延长电动过程所需的土壤酸化的时间。

3.烃类污染物

烃类化合物是疏水性的,可以与土壤和沉积物中的土壤矿物质和其他有机化合物牢固结合。大多数烃类化合物是非极性且中性(不带电)的,因此电动过程对其在孔隙流体中的运动几乎没有影响。石油烃是一类复杂有机化合物,分四种:烷烃、芳烃、树脂和沥青烯。烷烃具有非极性性质,很难在弱电场下迁移;而树脂和沥青烯是极性的,但碳链长,与土壤颗粒的结合力很强,在电场下很难迁移。与其他烃类化合物相比,苯系物和三氯乙烯水溶性强,易溶解在孔隙流体中。

电动生物修复对石油烃化合物有不同的反应。正构烷烃的降解更多归因于电动力学活性,而芳香族化合物的降解更多归因于生物降解过程。当在土壤中施加弱电场时,电动修复比生物修复过程更占优势,反之亦然。饱和烷烃化合物降解归因于土壤基质中的电化学氧化。当施加电流时,黏土颗粒变成微导体,在该处可以发生烃类的氧化反应。

4.电动系统和结构

研究人员已经对电动-生物修复系统进行了诸多改善。例如,电动土壤冲洗-生物修复均匀电流系统中,烃类化合物只在特定区域内移动和聚集,因此生物降解过程会受到高浓度污染物的抑制。而使用非均匀电流可以提高土壤中细菌的数量和分布,从而增强烃类化合物的脱附和移动。电动土壤冲洗-生物修复的关键因素是如何保持土壤 pH 中性,以防重金属在电解液室周围沉淀。极性反转是电动土壤冲洗-生物修复过程中保持 pH 中性、温度和湿度在合适范围内的最有效方法,而且极性反转也比其他技术消耗更少的能量。

当电动土壤冲洗-生物修复现场应用时,电极结构是必须确定的重要因素。许多研究者致力于一维构型的研究,而对二维构型的研究比较有限。二维构型有六角形、正方形和三角形。但是一维结构现场应用不可行,其一半面积对电动反应无效。这一局限性可以通过极性反转技术或使用非均匀电场来解决。而二维构型可以形成非线性电场,可确保电动土壤冲洗生物修复的养分、pH、温度等的有效分布。

5.表面活性剂的表面电荷

表面活性剂已被许多研究人员用作电动土壤冲洗–生物修复的电解质，用于去除土壤颗粒中的烃类污染物。但需考虑以下几个方面：①表面活性剂在水中对污染物的溶解能力；②污染物在土壤颗粒中的脱附；③表面活性剂的吸附损失；④表面活性剂的生态毒性。

6.电解质性质

虽然去离子水可作为电解液去除烃类化合物，但增强剂对于牢固结合在黏土颗粒上的有机和金属化合物的去除是必不可少的。将表面活性剂与螯合剂混合使用可提高电渗率。螯合剂去除重金属非常有效，并且可保持阴极室内 pH 中性，诸如表面活性剂和环糊精等化合物则可用于溶解有机污染物。表面活性剂具有疏水性和亲水性官能团，可以使烃类化合物能以胶束形式溶解，还可以与氧化剂结合以修复烃类污染。有研究发现，淀粉中所含的环糊精可用于改善土壤污染的电动–生物修复工艺。环糊精能有效溶解活性染料类有机污染物。在环糊精和细菌的作用下，土壤中 COD 浓度降低，磷含量增加，电导率降低到 0.2 S/m，适用于修复农用地。

7.电解液浓度

当使用表面活性剂作为电解液时，电渗速率将随着浓度的增大而降低。因此，需要增加离子数量来提高电场强度。表面活性剂溶液的浓度及其酸度也会影响电渗过程。尽管除阳离子表面活性剂外的大多数表面活性剂均对处理均质污染土壤中的烃类非常有效，但仍需及早确定表面活性剂的浓度。浓度必须足够大以形成胶束（高于 CMC 值），才能有效去除土壤中的污染物。同时，表面活性剂的浓度应尽可能低，以防止由于 Zeta 电位的降低以及烃类与表面活性剂之间的电氧化/生物降解竞争而引起电渗流的降低。同时表面活性剂浓度越大，表面活性剂向土壤孔隙的扩散过程越慢。在酸性条件下，只有少数表面活性剂可溶解在土壤基质中。

（三）电动–植物修复

尽管植物修复具有一定的能力和优点，但是植物修复的应用仍面临一些限制。植物的修复能力受限于根的最大生长深度，而用于进行植物修复的天然植物生长速度慢，产量低，因此研究人员提出将植物修复与电动修复组合使用，以部分避免植物修复的局限性。耦合的电动–植物修复技术是在植物附近的土壤中施加低强度电场，电场可通过污染物的脱附和运移来增加污染物的生物利用度，从而提高污染物被植物吸收的效率。影响耦合技术的一些重要变量包括交流或直流电流的使用、电压水平、电压施加方式（连续或周期性)、电极上电解水引起的土壤 pH 变化,以及为提高污染物迁移率和生物利用度而添加的促进剂。

在电动-植物修复技术中,污染物的去除或降解过程是由植物完成的,电场主要是通过提高污染物的生物利用度来增强植物对污染物的吸收。电场可有效地将可溶性重金属向植物根部驱动,从而导致植物处于胁迫状态,因此具有快速生长期的超积累植物被认为是与电动技术结合使用的最佳植物。经证实,施加电流不会对植物的生长产生严重的不利影响,但是电场引起的土壤化学变化可能会抑制植物的生长,比如土壤 pH 变化(尤其是在阳极侧),会增强重金属的生物有效性,从而干扰植物的代谢过程。

1.电动-植物修复影响因素

1)直流电场的影响

电场强度对电动增强的植物修复效果具有决定性的影响,低电压可以促进植物的生长和发育。随着电压的升高,生物质产量将会下降,但是会提高重金属的迁移率和生物利用度。因此,在金属的生物利用度和电压对植物发育的负面影响之间需要权衡。最佳方法是使用中间电压,即在该电压下可以实现驱动重金属迁移,同时减小对植物生长的影响。

2)螯合剂的使用

螯合剂的使用是电动及植物修复的一种常见做法,目的是提高重金属的迁移率和生物利用度。电动可以将乙二胺四乙酸(EDTA)传送至土壤中,促进可溶性金属配合物的形成以及金属-EDTA 配合物向植物根部的运输。但是,添加诸如 EDTA 之类的化学试剂会增加修复成本,并可能导致其他环境影响,因此应谨慎选择化学试剂。

3)电极配置的影响

电动-植物修复研究使用一维电极配置的水平电场。实际应用中,电极配置可能会发生变化,并影响耦合电动-植物修复技术的有效性。垂直电场的应用使植物修复的效果比根区更深。此外,垂直电场在电场和 EDTA 的共同作用下可阻止重金属向地下水的渗漏。图 3-14 还提出了几种电极配置,以增大可应用植物修复的土壤深度,防止活化金属渗入地下水。

4)直流/交流电场选择

施加直流(DC)电场会导致土壤 pH 发生明显变化,使重金属从阳极向阴极迁移。交流(AC)电场不会引起土壤中金属的迁移或积累,也不会引起土壤 pH 的变化。采用交流电流更有利于植物的生长发育,而直流电流会抑制植物的生长。

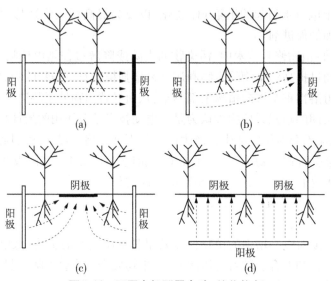

图 3-14　不同电极配置电动-植物修复

2.电动-植物修复对环境的影响

电动引起的土壤化学变化,可能对土壤性质产生负面影响。最常见的是阳极产生的酸性离子对土壤进行酸化,并且由于酸性的毒害作用,土壤中的大多数天然微生物可能会消失。但是电动-植物修复对土壤也有好处,植物修复是一种良性修复技术,植物与土壤微生物存在共生关系,植物的生长有利于土壤中微生物的生长和酶活性的提高。微生物增加了植物必要养分的生物利用度,植物释放微生物底物并为其提供了适宜的发育环境。总体而言,用电动增强的植物修复是一项包括若干过程的技术,其中一些过程被视为对土壤特性不利,但是某些过程对土壤有利。因此,应根据场地的具体情况和处理后的使用情况,适当评估应用电动-植物修复对土壤质量的改变情况。

电动(尤其是在高电压条件下)辅助植物修复对土壤理化性质、酶活性和微生物活性的影响尤为显著。土壤中 NO_3^-、NH_4^+、K、P 会因为电动作用使其含量有所增加。而土壤脲酶、转化酶和磷酸酶活性由于电动作用会受到强烈抑制,但阳极和阴极附近微生物的数量则显著增加,这主要是由于植物生长提高了酶活性,抵消了直流电场对土壤性质的部分影响。因此,影响土壤性质的主要变量是直流电场。

3.电动-植物修复的应用

电动-植物修复中少有大规模的现场应用报道。但是,此耦合技术已有相关专利。Rasking 等在 1998 年申请了第一项专利,声称可以通过芸薹属植物对金属污染的土壤进行植物修复。为提高植物对金属的生物利用度,又提出在土壤中使用螯合剂、有机酸或无机酸(将土壤 pH 至少降低到 5.5 或更低),以及使用直流电场。研究发现,施加在地面上的电极对上的直流电场会诱导液体和溶解离子的运动,从而增强植物对金属的吸收。有研究人员通过应用电动以增强多孔介质中污染物的植物提取,使用植物与电场相结合的方式,直接施加在待净化的多孔材料上。其中,电场用于控制污染物的迁移并增强污染物的去除。污染物通过电渗和电迁移这两种现象进行传输。

(四)电动-芬顿修复

尽管电动过程具有良好的污染物去除效果,但它有一个主要的缺点,即需要进一步处理冲洗后的污染物,特别是有机化合物,这会进一步增加投资和运营成本。为克服这一问题,研究了利用电动过程和氧化剂相结合实现污染物原位氧化的可能性。其中,芬顿试剂是最有前途的氧化剂之一。

电动-芬顿修复是一种利用芬顿试剂作为冲洗液的电动过程。该技术采用原位氧化法,避免了对高污染冲洗液的二次处理。与普通土壤氧化相比,电动-芬顿修复克服了常规芬顿试剂处理高黏土含量土壤的困难。因为低渗透性土壤在普通机械冲洗过程中会阻止芬顿试剂穿透土壤并抑制污染物的氧化,导致 H_2O_2 通常在到达污染点之前分解。与普通传输机制不同,电动-芬顿修复过程中高浓度 H_2O_2 通过电渗而非浓度梯度进行传输,这保证了芬顿试剂有效地穿透土壤,生成羟基自由基氧化有机物。值得注意的是,在有机污染物的反应中,仍有大量的废物产生,如二氧化碳、水和不完全氧化产物。可以观察到的最显著的废物是铁泥,特别是当铁源过量且接近阴极区时铁泥最多。

图 3-15 显示了电动-芬顿修复的一般流程。与电动过程类似,该系统主要由两个电极组成:阳极和阴极。当施加低强度直流电时,酸峰的扩散速度是碱峰的 1.75～2 倍,导致从阳极到阴极的电渗。电渗作为一种驱动力,可以使芬顿试剂在阳极室中穿透土壤输送到阴极室。之后芬顿试剂通过产生羟基自由基氧化土壤中的有机污染物,导致原位氧化过程。

电动-芬顿修复的影响因素主要包含以下几个方面。

1.通过化学稳定作用增强电动-芬顿修复过程

阳极室中较低的 pH 条件可提高 H_2O_2 的稳定性,并推动酸峰前进。使用酸极化后的阴极可以提高过氧化氢的稳定性和处理效率。在低 pH 条件下(pH = 2～4),稳定的 H_2O_2 能够产生更多的自由基,从而提高处理效率。

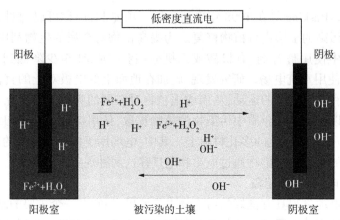

图 3-15　电动-芬顿修复的一般流程示意图

除酸外,使用稳定剂[如 K_2HPO_4 和表面活性剂十二烷基硫酸钠(SDS)]也可提高 H_2O_2 的稳定性(见图 3-16)。使用磷酸盐可以与土壤中的金属氧化物复合,以防止其他金属参与类芬顿反应,磷酸盐适用于铁含量高的土壤以减缓 H_2O_2 分解。同时 SDS 可用于与铁氧化物络合形成水溶性铁化合物,以增加水溶液中铁催化剂的浓度,适用于铁含量低的土壤。此外,SDS 还可通过增强土壤中有机物的脱附来提高水参与反应的有机物含量,从而进一步提高电动-芬顿修复过程的氧化速率和处理效率。但是,K_2HPO_4 和 SDS 对电动-芬顿修复过程的加强依赖土壤 pH、系统的酸度和形成的配合物的特性。此外,添加剂可能会导致一些负面影响。

2.氧化剂输送方式

芬顿试剂的输送方式影响修复效率。除添加稳定剂外,还可以通过改善机械结构以抵消 H_2O_2 稳定性差的影响。例如,土壤中部的阳极室和阴极室之间的 H_2O_2 注入井可以增大氧化剂利用率。

另外,在阳极室中加入芬顿试剂也有显著效果。当系统在添加过氧化氢溶液之前使用 Fe^{2+} 溶液作为阳极液运行 2 d,可以获得更高的处理效率。但是不建议同时向阳极室中添加 Fe^{2+} 和 H_2O_2 溶液,因为电渗前阳极室中部分 H_2O_2 被消耗,导致氧化剂利用率降低。

H_2O_2 溶液作为阳极室冲洗剂也是一种有效的输送方式。分布在土壤中的铁浓度范围为 805~11 644 mg/kg,附着在土壤上的天然氧化铁可被用作芬顿氧化的原位催化剂。这可以在没有铁催化剂的情况下,防止阳极室中 H_2O_2 在土壤中运输前的不必要消耗。

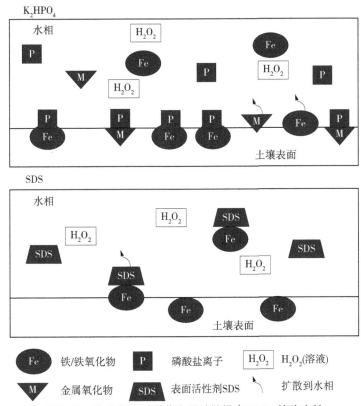

图 3-16　稳定剂通过影响金属扩散提高 H_2O_2 的稳定性

3.电极及催化剂形态

阴极区的高 pH 条件通常会导致铁沉淀。当注入 H_2O_2 时,沉淀不仅阻碍了孔隙液的传输路径,而且限制了亚铁离子阴极区产生·OH 的效率。通过定期切换电极极性来改变流动方向可以提高处理效率,尤其是在阴极区域极为有效。另外,电极极性的变化会降低土壤介质的整体 pH,进而增加铁沉淀的溶解速率,并且 H_2O_2 也会更加稳定。

电极材料的性质也会影响电动-芬顿法的处理效率。一般来说,在不考虑电极寿命和成本的情况下,电极材料控制处理效率,且铁电极>石墨电极>不锈钢电极。铁电极比石墨电极具有更高的处理效率,因为其腐蚀产物可作为芬顿反应的催化剂。

铁厂残渣中的废铁粉(SIP)可以作为固体铁源。Fe^{2+} 溶液由于高电流密度而具有更好的冲洗效率。但就降解效率而言,SIP 通常优于 Fe^{2+} 溶液,因为

Fe^{2+}溶液会导致冲洗过程中 H_2O_2 的过早消耗。但是 SIP 的过度使用可能带来不利影响。随着 SIP 量的增加,处理效率有所降低。这是由于大量 SIP 可能会成为一种物理屏障,阻碍 H_2O_2 传输并且导致生成更多的 $Fe(OH)_3$ 沉淀。

4.操作参数

改善操作条件(例如电压梯度、试验持续时间、H_2O_2 浓度、将 NaCl 和 Na_2SO_4 引入电解液室)也会有益于提高处理效率。在一定的电压范围内,提高电压梯度可以增强电渗作用,使得 H_2O_2 在土壤中更高效地传输。此外,使用 NaCl 和 Na_2SO_4,作为电动-芬顿修复过程中的电解质可以提高电流强度,从而进一步增强系统的电渗作用,促进 H_2O_2 在土壤中的传输。

除调节电压梯度和加入电解质外,提高 H_2O_2 浓度也可以提高处理效率。在较高的 H_2O_2 浓度下,土壤中氧化剂的利用率会增大。即使没有铁,高浓度的 H_2O_2 也会产生非羟基自由基,以氧化土壤吸附的污染物。

5.其他因素

电动-芬顿修复过程的处理效率还取决于土壤的类型及污染物的类型。较低的酸缓冲能力可以提高 H_2O_2 的稳定性和处理效率;高浓度的天然铁矿物可以提供铁催化剂来增强芬顿氧化;有机物含量较低会减少 H_2O_2 的消耗。土壤电动电势也是电动-芬顿修复过程中的另一个重要参数,尤其是在确定电渗流向方面,较高的 Zeta 电位将阻碍朝阴极方向的电渗。

五、生物电化学技术

(一)生物电化学系统

生物电化学系统(BES)是一种很有前途的技术,可以利用电子在电极上进行氧化还原反应。该系统可以将有机化合物的化学键能转化为电能,而无须额外中间过程。如果在使用生物电化学技术的过程中产生电子且相应反应的吉布斯自由能变化为负,则 BES 为微生物燃料电池(MFC);相反,当整个反应的吉布斯自由能变化为正时,则需提供动力来驱动此非自发反应,该 BES 被称为微生物电解池(MEC)。在 BES 中,电活性细菌会消耗底物并产生电子和质子,电子通过外部电路从阳极转移到阴极,电子和质子则在阴极表面发生化学反应。微生物阳极在 BES 中起着至关重要的作用,它可以氧化多种难降解的有机化合物。

与传统的电化学系统不同,BES 具有相对简单和温和的操作条件。使用 BES 技术时多种有机化合物可以被用作底物。此外,电化学过程中通常用贵金属作催化剂,但在 BES 中却很少使用,从而降低了成本。与其他土壤原位生物修复技术相比,BES 电极可以提供大量的电子供体和受体来促进微生物的氧化还原反应,避免了氧化剂和还原剂的使用对周围土壤的二次污染。

作为微生物修复的核心,细菌在 BES 中起着重要的作用。它们可以通过细胞外电子转移(EET)进行阳极污染物的氧化和阴极污染物的还原。对于不同的 BES 和不同的污染物,细菌进行 EET 的能力是不同的。此外,不同类型的 BES 可能具有不同的污染处理方式。

1.微生物燃料电池

MFC 是不需要外部电源的 BES。通常,MFC 由质子交换膜(PEM)隔开的阳极室和阴极室组成。如图 3-17(a)所示,MFC 的工作原理是基于电化学降解菌(EAB)的生物催化能力,该细菌可降解有机物产生生物电。在阳极表面,细菌氧化底物以产生具有 EET 能力的电子和质子。然后,电子通过外部电路传输到阴极。质子则通过 PEM 扩散到阴极室。最后,电子、质子和氧化剂在阴极表面反应并形成稳定的还原产物。其中,质子交换膜的性能极大影响了 MFC 对污染物的去除效率和发电性能。这主要是因为质子交换膜可以防止来自两个腔室的溶液混合,如果阳极溶液到达阴极侧,则阴极表面会发生严重的生物积垢,从而使 MFC 性能下降;而来自阴极室的 O_2 在没有质子交换膜的情况下可到达厌氧阳极室,从而抑制了阳极室中的厌氧发酵过程。Nafion 膜由其较高的质子传导性和足够的离子交换能力而成为 MFC 中最主要使用的 PEM。但氧气泄漏、基质损失、基质交叉和生物污染等问题限制了 Nafion 膜在工程中的应用。因此,研究人员又研发了阳离子交换膜(CEM)、阴离子交换膜(AEM)和双极性膜(BPM)三类膜来改善 MFC 的性能。在 CEM 中,带负电荷的官能团连接到主链上以完成阳离子转移。CEM 包括磺化聚醚醚酮(SPEEK)膜、CMI-7000 膜、聚醚砜树脂(PES)膜、聚醚砜-磺化聚醚砜树脂(PES-SPES)膜和聚偏二氟乙烯(PVDF)膜。至于 AEM,主要是带正电荷的官能团连接到骨架上以完成阴离子的转移。尽管 AEM 具有较低的电阻、更好的缓冲作用和防止膜 pH 下降的优势,但它在 MFC 中很少使用,因为它比 CEM 更易受基质损失的影响。在电场作用下,CEM 和 AEM 组合的 BPM 可以直接将水分解成 H^+ 和 OH^-。之后,H^+ 通过 CEM 转移到阴极,而 OH^- 通过 AEM 转移到阳极,从而限制了阳极和阴极之间的离子交换。使用不同的膜将导致阳极室和阴极室 pH 发生变化,从而影响 MFC 的性能。因此,在降解不同污染物时应选择不同的膜。

近年来,MFC 已用于土壤修复,以解决严重的土壤污染问题。土壤 MFC 是使用 BES 降解或去除土壤中污染物(例如石油烃化合物、重金属、农药和抗生素)并同时发电的新型修复方法。与传统的物理化学方法不同,土壤 MFC 不需要消耗大量能量,并且不需要添加化学氧化剂、催化剂、溶剂和其他化学物质。实际应用中用于修复油污土壤的典型空气阴极 MFC 如图 3-17(b)所示。插入土壤环境中的阳极通过外部电路与空气阴极连接,以形成闭合电路。在修复过程中,产电菌催化土壤污染物的降解,释放出电子和质子。然后,电子通过外部电路到达阴极并发电。质子则在 MFC 中从阳极转移到阴极,作为最终电子受体的 O_2 会在阴极被还原为 H_2O。目前,土壤 MFC 的结构包括插入式空气阴极土壤 MFC、双室 MFC、U 型管 MFC、沉积物 MFC、柱式 MFC、三室 MFC、植物 MFC、石墨棒空气阴极土壤 MFC 和修饰电极 MFC。

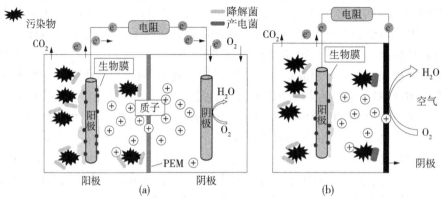

图 3-17　用于修复油污土壤的典型空气阴极 MFC 示意图

2.微生物电解池

MEC 是一种可以同时降解有机污染物并可持续产生氢气的 BES,且能耗较少。MEC 的概念最早是由宾夕法尼亚州立大学和瓦格宁根大学的研究小组于 2005 年提出的。之后 MEC 被广泛用于生产氢气。有报告表明,实验室中 MEC 的制氢效率明显高于发酵过程和水电解制氢效率。

MEC 的核心由微生物阳极和稳定的阴极组成。在使用微生物电解池的过程中,一些细菌会自发地聚集在阳极表面上,形成电活性生物膜,充当电催化剂的作用。常见的 MEC 如图 3-18 所示。在 MEC 中,产电细菌将污染物、有机物质降解为二氧化碳、电子和质子。石油、抗生素、废水和污染土壤等多种污染物可以通过 MEC 转化为能源。在 MEC 系统中电子通过 EET 转移到阳极,而质子直接转移到 MEC 溶液中。同时,电子能够穿过外部电路到达阴极,并与溶液中的自由质子结合产生 H_2(阴极反应)。由于 MEC 中阴极电势高于阳极电势,从而防止了在阳极产生的电子自发流向阴极。因此,需要增加

0.2~0.8 V 的电源来刺激电子迁移。通常,只有当阴极电位相对于标准氢电极(NHE)至少达到 0.414 V 时,MEC 才能产生 H_2,而传统的碱性电解槽则需要 20~30 V 的工作电压。但是,与阳极上有机化合物产生的能量相比,外部能量的供应要低得多。另外,在 MEC 中产生的 H_2 所含能量是输入电能的 2~4 倍。MEC 的结构与 MFC 的结构相似,区别在于末端电子受体。在 MFC 中,氧是最常使用的末端电子受体,而质子是产 H_2 的 MEC 中的电子受体。自 2005 年以来,已经提出了许多类型的 MEC 反应堆配置并用于实验室规模的研究。例如双室 MEC、单室 MEC、管状 MEC、多电极 MEC 及修饰阴极 MEC。

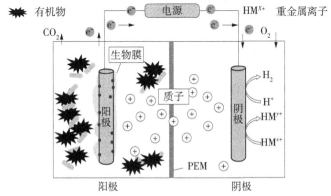

图 3-18　常见的 MEC 示意图

(二)生物电化学系统的应用

1.微生物燃料电池的应用

1)MFC 处理有机污染土壤

随着修复技术的发展,MFC 修复已经成为一种从污染土壤中去除石油烃的可行、有效的方法。与自然衰减相比,MFC 可以增强对烃类污染土壤和沉积物的修复。此外,MFC 可以利用天然细菌发电从土壤中去除烃类化合物,主要机制是利用电极作为电子受体的电活性细菌(EAB)促进了烃类的厌氧降解。但是远离电极的石油烃的降解仍然是一个复杂的问题,并且通过使用 MFC 降解石油的时间太长。因此,该技术需要进一步提高以适合实际应用。

在中国,造成土壤污染的农药主要包括有机氯农药、有机磷农药和除草剂。物理和化学修复技术虽然具有周期短、修复效率高的优点,但在农药浓度较低时,存在工程量大、成本高、易产生二次污染、适用性差等缺陷。相较于物理和化学修复,生物修复可以完全避免这些问题。但由于合适的末端电子受体的缺乏、功能性微生物的缺乏和电子传递效率的低下,降低了农药污染物的降解效率,MFC 的出现克服了这些问题。根据微生物阳极氧化和 MFC 阴极还原的机制,通过化学反应可以有效地去除体系中的农药。由于农药降解机制的差异和农药成分的简单性,农药的降解率普遍高于重金属和石油烃类。但是农药的毒性对微生物活动构成威胁,而微生物活动是 MFC 的核心。因此,利用农药特异性细菌处理农药污染的土壤,将是一种可行的方法。

由于超强的抗菌能力,抗生素被广泛应用于人类和动物医学。近年来,已开发出多种方法来处理被抗生素污染的土壤。高级氧化过程可以从污染的土壤中去除抗生素,但是有毒的副产物限制了其使用。而纳米过滤、吸附过程和电渗析等只能从土壤中移除抗生素,且需要进行二次处理。近年来,MFC 已被用于处理被抗生素污染的土壤,其具有成本效益高、负面影响小及反应完全等优势。但抗生素的强吸附性和在土壤中的大内阻影响 MFC 的去除效率。在实际应用中,进一步的工作应集中在如何提高电子转移效率和减少抗生素的吸附,以增强土壤 MFC 的性能。

2)MFC 处理重金属污染土壤

MFC 是一种新颖且有效的重金属污染土壤处理方法,其在处理污染物的同时可以发电。MFC 中的氧化还原反应可以固定重金属并将原位金属转化为不溶性及化学惰性形式,从而降低对环境的危害。近年来,MFC 已用于减少和去除阴极室中的重金属,例如 $Cu(+2)$、$Cr(+6)$、$Ni(+1)$ 和 $Cd(+2)$。由于 MFC 标准电位为带电的重金属离子在阴极室中自发接受电子完成自身的氧化还原过程,因此可以处理高价金属污染物。此外,植物与土壤 MFC 的耦合也是修复金属污染土壤的一种有前途的方法,因为该系统可以根据植物与微生物的关系将太阳能转化为生物电,并通过根吸收重金属离子。所以,土壤中的重金属可以通过土壤 MFC 进行有效去除,其主要去除原理是阴极还原反应。但是,并非所有离子都可以去除,这与金属离子的氧化还原电位有关。因此,在重金属的处理中,首先应确定氧化还原电位,这也是 MFC 的不足之处,因为无法控制电位变化,电极的功能也会影响重金属的去除。

2.微生物电解池的应用

自从提出 MEC 的概念以来,MEC 应用于污染物修复领域已经历 10 余年。作为一种新兴的环保技术,可以通过阳极处的氧化去除有机污染物,并且可以通过阴极处的还原除去高价重金属离子。

近年来,MEC 已在废水和污泥处理中成功应用,奠定了其在土壤中应用的理论基础。MEC 中的氧化还原反应可以有效降解污染物,在去除污染物的同时可产生气体(例如 H_2 和 CH_4)。与 MFC 不同,MEC 中施加的电压可以解决去除重金属时阴极上的电势问题。同时,施加电压可以改善 EAB 的富集和污染物的去除效率。当处理特定污染物时,由于调整了阳极电位,因此可以提高 MEC 的去除效率。但是 MEC 的应用也存在一些问题,例如电子转移困难,可以通过在使用 MEC 之前进行预处理(例如添加沙子或矿物)或与其他处理结合使用来解决此问题。在使用 MEC 中施加电压是 MEC 中最重要的参数,因为它决定了电化学性能、细菌组成和生化反应。因此,在 MEC 中需要稳定的外部电源和稳定的电极。尽管土壤、废水和污泥之间存在一些差异,但在污染土壤的处理中使用 MEC 具有广阔的前景。

六、生物炭技术

(一)生物炭简介

生物炭是低成本的碳质材料,正逐步成为一种经济的活性炭替代品,以除去多样的有机污染物,如农药、抗生素、多环芳烃(PAHs)、多氯联苯(PCBs)、挥发性有机化合物(VOCs)和芳香族染料,以及来自水相、气相和固相的一系列无机污染物(例如重金属、氨、硝酸盐、磷酸盐、硫化物等)。生物炭是生物质(例如农业残留物、藻类生物质、森林残留物、粪便、活性污泥等)在高温(300~900 ℃)和限氧下热化学转化(例如热解、气化、焙烧或水热碳化)的副产物。

生物炭由于其独特的特性而具有高吸附性能,如大比表面积、高微孔率和高离子交换能力等,从而在环境修复中被广泛应用。以上优势及其可控性取决于生物炭生产过程中由原料类型和热解条件造成的特定物理化学特性。这两个因素极大地改变了生物炭的比表面积、元素组成、pH 等物化性质,从而改变了生物炭的表面特性。生物炭特性的这些变化对其修复目标污染物的性能和适用性具有重要意义。

生物炭在土壤中的应用不仅可以修复土壤中的污染物,还可以改善土壤特性。有研究表明,生物炭可以改善土壤的物理性质(例如含水量和含氧量)、化学性质(例如固定污染物和固碳)和生物学性质(例如微生物丰度、多样性和活性)。

生物炭具有通过带电荷的表面官能团结合极性化合物的独特性能,有助于将重金属和有机物固定在其表面上并限制其迁移性。生物炭中 O/C 和 H/C 与芳香性、生物降解性和极性直接相关。例如,高温下(>500 ℃)生产的生物炭比低温下具有更低的 O/C 和 H/C,表明随着温度的升高,芳香性逐渐增强,极性降低。由于热解油和热解气的逸出,碳含量的增加,生物炭的 pH

和比表面积随着热解温度的升高而增大。这些特性使生物炭非常适合去除有机污染物。芳香性的增强和碳含量的增加使得生物炭更加稳定。另外,生物炭通常是两性离子的,因此包含带正电和带负电的表面。带负电荷的官能团可能会吸引阳离子并有助于增强土壤的阳离子交换能力;生物炭的含氧官能团(氧杂环)表现出阴离子交换能力。在较低的热解温度(<500 ℃)下会促进部分碳化,从而产生具有较小孔径、较低比表面积和较高含氧官能团的生物炭。由于含氧官能团的相互作用增强了阳离子交换能力,使得生物炭非常适合去除无机污染物。

(二)生物炭在土壤环境中的应用

1.去除有机污染物

近年来,人们进行了大量研究工作,以研究生物炭在去除水和土壤中各种有机污染物中的应用。去除的目标有机污染物包括农药(杀虫剂、除草剂、杀菌剂等)、抗生素/药物(磺胺二甲嘧啶、磺胺甲恶唑、泰乐菌素、布洛芬、四环素等)、工业化学品(包括多环芳烃、多氯联苯、挥发性有机物、芳香族阳离子染料等)等。有机污染物结合生物炭的吸附机制也与多种相互作用相关。静电相互作用、疏水作用、氢键和孔填充通常是有机污染物吸附到生物炭上的主要机制。不同有机污染物的具体机制也不同,与生物炭的特性密切相关。首先,生物炭的表面性质对有机污染物的吸附起主要作用。由于碳化组分和非碳化组分的共存,生物炭的表面是非均相的,碳化相和非碳化相的吸附机制不相同。此外,有机物的吸收既取决于对非碳化有机物的分配,也取决于对碳化有机物的吸附。图3-19说明了通过生物炭去除各种有机污染物所涉及的相互作用。

2.去除无机物

生物炭由于对重金属(例如 Pb^{2+}、Cu^{2+}、Cd^{2+}、Zn^{2+}、Hg^{2+} 和 Ni^{2+})及其他类型的无机物(H_2S、NH_3、NH_4^+、NO_3^-)都具有较好的吸附能力,已被应用于去除污水和土壤中的无机污染物。其对重金属的吸附机制通常涉及静电吸引、离子交换、物理吸附、表面络合和沉淀等的综合作用。重金属与生物炭的相互作用主要取决于热解温度、原料类型和 pH。在较低的热解温度(<500 ℃)下制备的生物炭有机碳含量高,拥有特定的多孔结构和众多的官能团,可以多种方式与重金属结合。在去除重金属污染的各种机制中,离子交换是其去除重金属的主要机制。另外,生物炭的理化特性影响其在整个基质中于大孔、微孔、纳米孔多孔结构上的吸附,并对促进金属转化成更稳定的形态起重要作用。图3-20同时也展示了生物炭用于去除无机污染物(重金属)的可能相互作用。

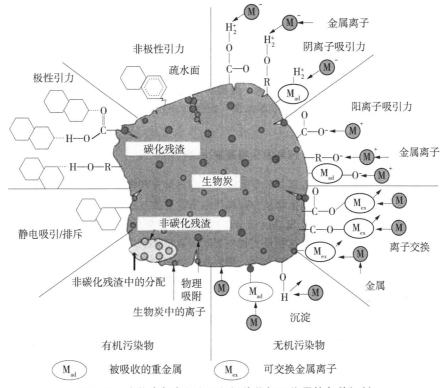

图 3-19　生物炭与有机和无机污染物相互作用的各种机制

3.缓解气候变化

1990—2010 年,全球大气中温室气体的排放量增加了 35%,CO_2 排放量达到 335 亿 t/年。温室气体(例如 CO_2、CH_4 和 N_2O)主要通过化石燃料燃烧释放到大气中。与减少温室气体排放相比,将大气中过量的 CO_2 封存的缓解策略同样重要。生物炭具有较强的稳定性,可长期存在于土壤中吸收大气中的 CO_2,是陆地生态系统的碳汇,同时可以改善土壤质量。植物通过光合作用捕获的 CO_2 最终在分解或燃烧过程中再次释放到大气中,所以通过将生物质转化为生物炭,光合作用吸收的 CO_2 将不再释放,而以生物炭的形式存在,从而降低了 CO_2 的排放。生物质中封存的碳在生物炭中将被转化为更稳定的形式,并在土壤中保留数千年或更长时间。据估计,将碳储存在生物炭中每年可以减少碳排放 0.1 亿~3 亿 t。有数据表明,2/3 的 NO_2 排放是由于农业中氮肥的大量使用。通过生物炭土壤管理措施可以减少高达 80% 的 N_2O 排放。

N_2O 会被截留在水饱和的土壤孔隙中并参与生物反硝化,降低了 $NO_2 / (N_2O + N_2)$。因此,生物炭的使用可能会减少对农作物的氮肥施用,并通过截留 N_2O 排放的形式避免氮素的损失,同时增加作物的产量,从而有助于实现更可持续的农业生产。

4.生物炭在微生物繁殖、污染物生物降解中的作用

生物炭的孔隙结构表面及大量含氧官能团可促进简单有机物的溶解和 NH_4^+ 的吸附,为微生物提供良好的栖息地,使微生物从中获得代谢所需要的基质。此外,生物炭表面还含有不稳定的土壤有机质(SOMs)。SOMs 是指在冷却过程中挥发性和半挥发性有机化合物冷凝到生物炭表面形成的残留物,这使得生物炭有别于其他焦炭。SOMs 可以促进微生物的生长并提高其活性,从而表现出微生物丰度、微生物活性和矿化作用的提高。矿化是指在土壤微生物作用下,土壤中有机态化合物转化为无机态化合物的过程。矿化作用在环境修复过程中具有重要意义,它不仅有助于有机物(从土壤中吸附)的生物降解,而且在养分循环中也很重要,以平衡土壤生态系统。生物炭还可以促进化感物质(酚类、萜类、生物碱等)的解毒,从而促进根细菌和菌根的生长。研究生物炭与土壤生物群的相互作用对于更好地理解影响土壤的健康机制具有重要意义。

生物炭是一种特殊的可再生资源,在解决近年来的土壤污染修复问题中具有巨大的潜力,此外,生物炭可以协同改善土壤质量,缓解温室效应。由于生物炭的质量和性能因原料类型和热解条件的不同而有很大差异,预计未来生物炭开发的进展将集中在"调控"特性适应特定应用场景。目前,国际生物炭协会在促进利益相关者的合作、行业惯例以及制订环境和道德标准方面取得了重大进展,以帮助生物炭体系实现安全、经济、可行的方案。

第六节　总结与展望

一、我国土壤修复行业面临的主要问题

(一)复杂性和多样性

我国土壤污染种类繁多,来源复杂,涉及重金属、有机物、农药等多种污染物。不同类型的污染物在土壤中的行为、迁移和转化过程各异,需要针对不同类型的污染进行特定的修复措施。

我国的土壤污染程度和类型非常复杂。土壤污染的来源包括工业废弃

物、农药、化肥、重金属、有机物等多种因素,而不同污染源之间的交互作用使得土壤污染具有复杂性。例如,某些地区可能同时存在重金属和有机物的污染,这就需要在修复过程中考虑多种污染物的相互影响和协同作用。

我国土壤的多样性也增加了土壤修复的难度。中国的土壤类型非常丰富,包括黄土、红壤、沼泽土、沙土等多种类型。每种土壤类型具有不同的物理、化学和生物特性,因此对不同类型的土壤进行修复需要制定有针对性的策略和方法。

面对这些问题,我国土壤修复行业需要采取一系列科学有效的措施。首先,需要进行全面的土壤调查和评估,了解污染源、污染程度和土壤特性,为修复方案的制订提供科学依据。其次,应采用综合修复技术,如生物修复、化学修复、物理修复等,根据具体情况选择合适的修复方法。例如,通过植物修复可以利用植物的吸收、降解和稳定化作用来清除污染物;而对于重金属污染土壤,可能需要采用化学添加剂来减少重金属的有效性。此外,需要制定相关政策和法规,加强土壤修复技术的研究和应用,提高修复效果和修复工作的可持续性。

中国土壤修复行业面临着复杂性和多样性的挑战。解决这些问题需要科学的土壤调查和评估、综合修复技术的应用及相关政策和法规的支持。通过科学的研究和实践,中国可以逐步改善土壤环境,实现可持续发展。

(二)技术研发和应用推广不足

目前,土壤修复技术的研发与应用仍面临一些挑战。一方面,部分修复技术在实际应用中存在技术难题,如修复效果不稳定、修复周期长、修复成本高等问题。另一方面,一些有效的修复技术由于技术传播和推广不足,未能得到广泛应用。

技术研发方面存在不足。尽管我国在土壤修复技术研究方面取得了一些进展,但与发达国家相比,仍存在明显差距。当前的土壤修复技术主要集中在物理、化学和生物等方面,如土壤热解、化学固化和微生物修复等。然而,这些技术在应对复杂的土壤污染类型和程度时仍然面临挑战。因此,需要进一步加强对新型修复技术的研发,提高修复效果和效率。

应用推广方面存在不足。尽管一些土壤修复技术已经在实际工程中得到应用,但在大规模推广应用方面还存在一定的困难。这主要是缺乏成熟的推广模式、经济利益不明显、技术标准不完善及政策支持不足等原因所致。有效的技术推广需要综合考虑技术、经济和政策等因素,建立健全推广机制和激励机制,促进土壤修复技术的广泛应用。

为解决这些问题,可以采取以下措施。首先,加大对土壤修复技术研发的投入,支持基础研究和应用技术的创新,提高修复技术的效果和适用范围。其次,加强与行业、学术界和科研机构的合作,促进技术的转化和应用。同时,建立健全技术评估和标准体系,为技术应用提供科学依据。最后,加强政策引导和支持,制定相关法律法规和政策措施,为土壤修复行业的发展提供良好的政策环境。

解决我国土壤修复行业面临的问题需要加强技术研发和应用推广。通过创新研究和合作机制,加大投入,建立健全标准和政策支持体系,有望推动土壤修复技术的发展和应用,为保护土壤环境和促进可持续发展做出贡献。

(三)法律法规和政策支持不足

土壤修复需要有相关的法律法规和政策支持,以保障修复工作的顺利进行。然而,我国土壤修复领域的相关法律法规尚不完善,修复的责任分担、修复标准和监管机制等方面还存在一定的空白。

首先,我国土壤修复行业缺乏明确的政策导向和支持机制。目前,我国的土壤修复主要依靠政府投资和企业自愿,缺乏明确的政策支持和经济激励机制,这限制了土壤修复行业的发展。其次,土壤修复相关的法律法规还不够完善,存在一些制度性和执行上的问题。例如,土壤修复的责任界定不清晰,污染源的追溯和处置难度较大,监测和评估标准不统一等,这给土壤修复的实施和监管带来了一定的困难。最后,土壤修复行业中的相关机构和专业人才相对不足,技术水平有限。土壤修复需要跨学科、综合性的专业知识和技术支持,包括土壤科学、环境科学、生态学、化学等多个领域的知识和技能,但当前相关专业人才的培养和引进还存在一定的不足。

针对上述问题,我们需要加强土壤修复领域的法律法规和政策制定,明确责任和权益保障,建立健全激励机制,促进行业的可持续发展。同时,还需要加强相关机构和人才的培养,提高技术水平和研发能力,推动土壤修复技术的创新和应用。

以河北省为例,该省自2016年开始推行土壤修复试点项目,并制定了相关实施细则和技术导则,为土壤修复提供了一定的法律法规和政策支持。此外,河北省还加强了对土壤修复技术的研发和培训,提高了相关机构和人才的专业水平,推动了土壤修复行业的发展。这些实际案例显示了加强法律法规和政策支持、加强人才培养和技术研发的重要性和必要性。

(四)公众意识和参与度不高

在我国,土壤修复行业面临一些主要问题,其中之一是公众意识和参与度不高。尽管土壤修复对于环境保护和人类健康至关重要,但大多数公众对土壤污染和修复的认知程度较低,并且对修复工作的参与度有限。这种缺乏公众意识和参与度的情况可能会对土壤修复的推进和效果产生负面影响。

一是公众对土壤污染和修复的知识了解不足。由于土壤污染问题在公众教育和宣传方面的不足,大多数人对土壤污染的成因、影响和修复方法了解有限。缺乏正确的知识和认识,对土壤修复工作的重视和理解也就不足,从而减少了对修复工作的支持和参与。

二是缺乏公众参与的机会和平台。在土壤修复工作中,公众的参与可以提供宝贵的信息和意见,帮助确定修复的优先领域和目标。然而,目前在我国,公众很少有机会参与土壤修复决策和实施的过程。透明度和参与度较低的决策过程可能会导致公众的不信任和对修复工作的抵触情绪。

为了解决这些问题,需要加强公众教育以增强意识。政府、媒体和学术机构可以开展针对土壤污染和修复的宣传活动,提高公众对土壤问题的认知水平。此外,应该建立更多的参与机制,包括公众听证会、社区会议、专家咨询等,为公众提供参与决策和监督的渠道。这样可以增加公众对土壤修复工作的参与度,促进修复工作的顺利进行。

北京市的地下水污染修复项目就是一个成功的例子。该项目通过组织公众参观修复现场、举办公众座谈会和开展教育宣传活动,增加了公众对地下水污染修复工作的理解和支持。这种公众参与的方式为修复工作提供了广泛的支持和监督,提高了修复的效果和可持续性。

因此,加强公众意识和参与度是解决我国土壤修复行业面临的主要问题的方法之一。通过公众教育、透明决策和公众参与机制的建立,可以提高公众对土壤修复的认知和支持,促进修复工作的顺利进行。

(五)监测和评估体系不完善

有效的土壤修复需要建立完善的监测和评估体系,以及准确可靠的污染源排查和土壤污染程度评估方法。然而,目前我国在土壤监测和评估方面仍存在一定的不足,特别是在技术手段、数据共享和标准体系方面有待进一步完善。

土壤污染监测的准确性和全面性是土壤修复的基础。然而,目前我国的土壤监测体系存在一些问题。首先,监测点布设不均衡,特别是在农村和一些偏远地区监测点数量较少,无法全面反映土壤污染的实际情况。其次,监测方法和技术水平有待提高,有时无法准确检测出微量的污染物。此外,缺乏长期、连续的监测数据,难以评估土壤污染的演变趋势。

土壤污染评估是确定修复需求和制订修复方案的重要依据。然而,我国土壤污染评估体系存在一些问题。首先,评估指标和标准的制定不统一,不同地区和机构采用的评估标准不一致,导致评估结果的可比性差。其次,评估方法和模型不够完善,无法准确评估土壤污染对生态环境和人体健康的风险。此外,缺乏对修复效果的评估和监测,无法及时了解修复效果的达成情况。

这些问题的存在使得土壤修复工作面临一系列的挑战。解决这些问题需要加强监测技术的研发和应用,提高监测点的布设密度,建立完善的监测网络;同时,需要统一评估指标和标准,制订科学合理的评估方法和模型;此外,加强修复效果的监测和评估,形成完整的修复闭环。

为了解决土壤修复行业面临的主要问题,我国已经出台了相关政策和法规,如《中华人民共和国土壤污染防治法》等,以推动土壤修复工作的规范和提升。同时,加强科研力量和技术创新,推动土壤修复技术的发展和应用,也是解决问题的重要途径。只有通过全面提升监测和评估体系的完善程度,才能有效解决土壤修复行业面临的问题,实现土壤环境的可持续发展。

(六)国际合作和经验借鉴不足

土壤修复是一个全球性问题,各国在土壤修复方面都面临类似的挑战。然而,我国在国际合作和经验借鉴方面还存在一定的不足。加强与国际组织和其他国家的交流合作,借鉴先进的技术和经验,对我国土壤修复工作具有积极意义。

土壤修复是一个全球性的问题,涉及许多国家和地区。然而,我国在土壤修复领域的国际合作相对较少,缺乏与其他国家和国际组织的交流与合作。这导致我们无法充分借鉴其他国家在土壤修复方面的先进技术和经验,限制了我国土壤修复技术的进步和发展。缺乏国际合作的一个重要原因是信息交流不畅和合作平台的缺乏。解决这个问题的途径之一是加强国际学术交流,组织国际研讨会和学术会议,促进研究人员之间的交流与合作。此外,建立国际合作项目和平台,与其他国家共享技术和资源,推动土壤修复领域的国际合作。

我国土壤修复领域的发展相对较晚,缺乏长期的实践经验和成熟的技术体系。虽然我国已经积累了一些土壤修复的经验,但仍存在经验借鉴不足的问题。一方面,因为我国的土壤环境具有多样性和复杂性,不同地区的土壤修复需求和技术应用存在差异,需要因地制宜进行土壤修复方案的制订。另一方面,土壤修复技术的研究和应用相对较新,相关经验和技术的总结和分享还不够充分。解决经验借鉴不足的问题需要加强技术交流与合作,可以通过建立土壤修复技术数据库和经验共享平台,收集和整理国内外的修复案例和技术方法,并向公众和决策者提供可行的修复方案和技术指南。此外,加强与相关领域的合作,如土壤科学、环境科学和农业科学等,通过跨学科的合作促进经验和技术的交流。

(七)科研和人才培养不足

土壤修复涉及多个学科领域,需要综合运用环境科学、土壤学、生态学、化学等知识。目前,我国在土壤修复科研和人才培养方面还存在一定的不足,特别是跨学科的综合能力和创新能力有待提升。加大科研投入,培养专业人才,提高科研水平,对于解决土壤修复领域的难题具有重要意义。

科研不足是我国土壤修复行业面临的一大挑战。虽然土壤修复在环境保护和可持续发展方面具有重要意义,但目前仍存在许多关键技术和理论方面的不足。科研水平的不足导致了土壤修复技术的局限性,无法满足不同类型和程度的土壤污染修复需求。例如,在高浓度重金属污染土壤的修复方面,目前尚缺乏高效、经济的修复方法。此外,对于土壤生物修复、植物修复等领域的研究也需要进一步加强。因此,加大土壤修复相关科研的投入和支持,提升科研水平和创新能力,对于推动我国土壤修复行业的发展至关重要。

人才培养不足是我国土壤修复行业的另一个主要问题。土壤修复需要跨学科的综合型人才,需具备环境科学、土壤学、化学、生物学等多个领域的专业知识。然而,目前我国土壤修复领域的专业人才数量相对较少,且专业技术水平和实践经验有限。这导致了人才供给不足,影响了土壤修复行业的发展和技术的应用推广。为了解决这一问题,需要加强高校和科研机构在土壤修复领域的教育和培训,并建立相应的专业人才培养体系。此外,还需要加强行业与高校、科研机构的合作,提供实践机会和培训计划,培养更多具备土壤修复专业知识和实践能力的人才。

针对这些问题,我国土壤修复行业可以采取一系列措施来加以解决。首先,加大科研投入,鼓励科研机构和高等院校开展土壤修复领域的科学研究,推动理论与实践的结合。同时,加强科研成果的转化与推广,促进科研成果的产业化和应用化。其次,加强人才培养,提高土壤修复专业的教育资源和师资力量,加强理论与实践相结合的培养模式,培养更多具备土壤修复专业知识和实践能力的人才。

二、土壤修复技术的可持续发展

微生物修复技术具有修复效率高、应用范围广等优点,但是该技术对土壤环境的要求较高,修复效率因为土壤环境的不同也大有差异。该技术有以下几个方面的发展趋势:①倾向于构建高效微生物菌群的机制研究,避免因投加单一外源菌株使土壤中微生物生态环境失衡;②研究不同菌株之间的协同作用,提高修复效率与极端环境下修复污染物的可能性;③通过筛选抗极端环境较强的微生物菌株或者通过额外增加营养元素的方式提高微生物的修复效率,通过利用基因技术对菌株进行改良也是微生物修复技术领域的一个研究热点。

植物修复技术具有修复成本低、环境友好、修复工艺简单的优点,但该技术耗时长、效率低且容易受到当地气候条件和植物物种的影响,该技术最大的缺陷在于超累积植物生物量一般较小,且具有高度富集选择性。因此,植物修复技术在大规模商业化应用前还需要进行以下两个方面的研究:①对现有植物多样性进行研究分析,寻找出种类更多、更高效的超富集植物,并深入研究污染物、土壤、植物之间的相互作用,从而提高修复效率;②打破实验室栽培研究壁垒,将植物修复研究真正置于田间、矿区等不同野外污染环境中,进而对该技术的时间效益、成本效益等进行分析。

植物-微生物联合修复技术可以集二者之所长,该项技术近年来受到广大学者的广泛关注。预计该技术领域今后的研究重点会集中在以下两个方面:①通过研究污染物、土壤环境、植物根际、微生物4个方面的作用机制,应对土壤中污染物种类多、污染物存在形态各异等问题,提高土壤污染修复效率。②修复技术需要朝着绿色、环保、可持续的方向发展,目前存在的修复技术大多适用于工业污染场地的修复,容易破坏农用地土壤生态环境和营养成分,植物-微生物修复技术则有望打破其他修复技术的弊端,真正有效地应用于各种类型土壤污染的修复。

参考文献

[1] 杨耀,刘二东,孙英.土壤重金属污染生物修复技术的研究进展[J].内蒙古环境科学, 2009,21(S1):188-190.

[2] 毕德,朱仁凤,沈洲,等.农田土壤重金属污染生物修复技术的研究与展望[J].宿州学院学报,2023,38(3):45-48.

[3] 冯雯,邱文瑞.土壤污染治理中生物修复技术的运用初探[J].皮革制作与环保科技, 2022,3(20):13-138,141.

[4] 柴凤兰,张帆,吕颖捷.重金属污染土壤生物修复技术研究进展[J].安徽农业科学, 2022,50(20):9-11,17.

[5] 江苏省工业和信息化厅.江苏《水泥企业智能化改造数字化转型实施指南》再次征求意见[J].江苏建材,2022(4):51.

[6] 赵冬梅.生物修复技术在土壤污染治理中的应用[J].黑龙江科学,2022,13(14):70-72.

[7] 赵威.土壤污染治理中生物修复技术的运用[J].清洗世界,2022,38(6):158-160.

[8] 李耀隆.土壤污染治理中生物修复技术的应用研究[J].皮革制作与环保科技,2021,2(18):107-108.

[9] 陈郑榕,沈开和,林晓晖,等.重金属污染土壤生物修复技术探讨[J].冶金管理,2021(17):33-34,38.

[10] 代凤.生物修复技术在土壤污染治理上的应用分析[J].基层农技推广,2021,9(8):98-99.

[11] 王洪.多环芳烃污染农田土壤原位生物修复技术研究[D].沈阳:东北大学,2011.

[12] 申屠灵女.重金属污染土壤生物修复的原理与技术应用[J].中国金属通报,2021(6):194-197.

[13] 金鑫.土壤污染治理中生物修复技术的应用[J].黑龙江环境通报,2020,33(2):60-61.

[14] 王治情.高起点上再发力 海螺集团实现"十四五"开门红[J].中国水泥,2021(5):46-49.

[15] 柳争艳.煤矿中土壤重金属污染的生物修复技术研究[J].山西化工,2021,41(2):205-206,214.

[16] 徐振华,张伟.在土壤污染治理中生物修复技术的运用探讨[J].资源节约与环保, 2021(1):29-30.

[17] 王钰涔.土壤污染治理中生物修复技术的运用分析[J].资源节约与环保,2020(12):18-19.

[18] 王雪,姜珊珊.土壤污染治理中生物修复技术的应用[J].环境与发展,2020,32

（7）:998.

[19] 白杰.石油污染土壤的生物修复技术探究[J].化工管理,2020(21):43-44.

[20] 沈小帅.土壤污染的生物修复技术最新研究进展[J].环境与发展,2020,32(3):72-73,77.

[21] 高昕.生物修复技术在土壤污染治理上的应用研究[J].资源节约与环保,2020(3):124-125.

[22] 秦力斌.生物修复技术在土壤污染治理上的应用[J].绿色环保建材,2020(2):68.

[23] 庄毅敏.江苏省建材行业协会和省工信厅原材料处联合召开水泥工厂设备智能化管理座谈会[J].江苏建材,2019(6):72.

[24] 孙莹.生物修复技术在土壤污染治理上的应用[J].环境与发展,2019,31(8):103,105.

[25] 宗丹丹,黄智刚.重金属污染土壤的生物修复技术研究[J].南方农机,2019,50(13):48,50.

[26] 李冬,范晓琳.生物修复技术在土壤污染治理中的应用[J].节能与环保,2019(7):109-110.

[27] 张胜爽,张凌云.铅污染耕地土壤的生物修复技术研究进展[J].贵州农业科学,2019,47(6):154-158.

[28] 姜琦,吴凯,施洋,等.矿区污染土壤生物修复技术研究进展[J].环境生态学,2019,1(2):35-40.

[29] 温明振.生物修复技术在土壤污染治理上的应用[J].环境与发展,2019,31(4):54-55.

[30] 武洪庆,王晓阳,韩冰,等.基于"土壤污染生物修复技术"培养学生创新能力[J].教育现代化,2019,6(21):30-31.

[31] 滕应,李秀芬,潘澄,等.土壤及场地持久性有机污染的生物修复技术发展及应用[J].环境监测管理与技术,2011,23(3):43-46.

[32] 程科.生物修复技术在土壤污染治理中的应用研究[J].中国资源综合利用,2018,36(10):121-123.

[33] 池文婷,钟锦锋,戴启斌,等.我国农田土壤重金属污染的生物修复技术研究进展[J].山东化工,2018,47(15):68-71.

[34] 孟越,孙丽娜,马国峰.土壤重金属污染的生物修复技术及机制[J].中国资源综合利用,2018,36(7):122-124.

[35] 张雷,赵奇,武伟男,等.石油污染土壤生物修复技术现状与展望[J].现代化工,2018,38(1):18-22.

[36] 杜亚鲁,胡韬,彭琳.土壤石油污染的生物修复技术研究进展[J].环境科学与技术,2017,40(S1):133-138.

[37] 郑学昊,孙丽娜,刘克斌,等.PAHs污染土壤生物修复技术及强化手段研究进展[J].沈阳大学学报(自然科学版),2017,29(4):300-306.

[38] 程树青,夏建东,赵宽.土壤重金属污染现状及生物修复技术综述[J].安徽农业科学,2017,45(12):40-42,75.

[39] 张敏,郜春花,李建华,等.重金属污染土壤生物修复技术研究现状及发展方向[J].山西农业科学,2017,45(4):674-676.

[40] 张帆.固定化菌剂对原油污染土壤的生物修复技术研究[D].西安:长安大学,2017.

[41] 姜凯.土壤重金属污染及其生物修复技术研究[J].乡村科技,2017(7):66-67.

[42] 石扬,陈沅江.我国污染土壤生物修复技术研究现状及发展展望[J].世界科技研究与发展,2017,39(1):24-32.

[43] 余佳文.生物修复技术的类型及其在污染土壤处理中的应用[J].技术与市场,2016,23(12):119.

[44] 卢楠,韩霁昌,李刚,等.石油污染土壤生物修复技术进展[J].广东化工,2016,43(16):131-132,113.

[45] 刘维涛,张雪,梁丽琛,等.电子垃圾拆解区土壤污染与生物修复技术[J].环境科学与技术,2016,39(8):64-76.

[46] 王立辉,严超宇,王浩,等.土壤汞污染生物修复技术研究进展[J].生物技术通报,2016,32(2):51-58.

[47] 李飞宇.土壤重金属污染的生物修复技术[J].环境科学与技术,2011,34(S2):148-151.

[48] 任慧.高浓度石油污染土壤异位—原位联合生物修复技术研究[D].济南:山东师范大学,2015.

[49] 刘志培,刘双江.我国污染土壤生物修复技术的发展及现状[J].生物工程学报,2015,31(6):901-916.

[50] 贝晓秋,喻靓.生物修复技术在土壤污染治理上的应用[J].黑龙江科技信息,2015(10):58.

[51] 李小宇,张婷.浅谈土壤铅污染的生物修复技术[J].资源节约与环保,2015(2):165,169.

[52] 吕雷,朱米家,王珂.石油污染土壤的生物修复技术研究进展[J].安徽农业科学,2014,42(22):7585-7587.

[53] 程芳,亓恒振,孙俊玲.土壤污染的生物修复技术研究进展[J].山东化工,2014,43(7):60-61.

[54] 孙向辉,兰玉倩.多氯联苯污染土壤的生物修复技术[J].北京农业,2013(36):13,120.

[55] 陈清林.污染土壤生物修复技术的研究进展[J].广东化工,2013,40(15):127-128.

[56] 郭硕.生物修复技术在土壤污染治理上的应用[J].哈尔滨师范大学自然科学学报,2012,28(2):69-72.